Amr El-Wakeel
Nazmi Azzam
Moustafa Aly

Avaliação do desempenho das comunicações ópticas de espaço livre

Amr El-Wakeel
Nazmi Azzam
Moustafa Aly

Avaliação do desempenho das comunicações ópticas de espaço livre

ScienciaScripts

Imprint
Any brand names and product names mentioned in this book are subject to trademark, brand or patent protection and are trademarks or registered trademarks of their respective holders. The use of brand names, product names, common names, trade names, product descriptions etc. even without a particular marking in this work is in no way to be construed to mean that such names may be regarded as unrestricted in respect of trademark and brand protection legislation and could thus be used by anyone.

Cover image: www.ingimage.com

This book is a translation from the original published under ISBN 978-3-659-85171-1.

Publisher:
Sciencia Scripts
is a trademark of
Dodo Books Indian Ocean Ltd. and OmniScriptum S.R.L publishing group

120 High Road, East Finchley, London, N2 9ED, United Kingdom
Str. Armeneasca 28/1, office 1, Chisinau MD-2012, Republic of Moldova, Europe
Printed at: see last page
ISBN: 978-620-8-34976-9

ÍNDICE

Reconhecimento

Estou muito grato a **ALLAH** Subhanahu Wa Ta'ala que me deu uma excelente família com quem viver e me proporcionou o ambiente onde pude terminar o meu mestrado e sem cuja vontade teria sido impossível concluir o meu curso.

Depois de **ALLAH**, agradeço aos meus pais o contributo que deram para a minha educação. O seu amor incondicional, o seu apoio constante, os seus excelentes conselhos e as suas orações ao longo dos anos são algo que não lhes posso agradecer o suficiente. Além disso, sabendo que o meu sucesso na conclusão do meu mestrado seria uma fonte de felicidade para eles, senti-me ainda mais motivado para trabalhar arduamente.

Dr. Moustafa Hussein Aly e ao **Dr. Nazmi Azzam Mohammed** pela sua orientação e apoio contínuos.

O meu profundo agradecimento ao meu orientador**, Prof. Dr. Moustafa**, pela sua contribuição ativa no aperfeiçoamento do meu trabalho de investigação e no preenchimento das lacunas. Por vezes, quando as coisas pareciam difíceis, foi ele que me deu esperança. Quer se tratasse de estudar a investigação existente ou de escrever artigos, ele estava lá para ouvir as minhas preocupações, rever o material, dar feedback e mostrar orientação.

De igual modo, agradeço ao **Dr. Nazmi** o seu apoio para melhorar a minha compreensão do contexto das comunicações ópticas no espaço livre e as suas sugestões durante a investigação.

Agradeço à minha noiva **Manar Arafa** pelos seus cuidados, apoio e ajuda constantes.

Por último, mas não menos importante, tenho de agradecer ao pessoal do Departamento de Engenharia Eletrónica e de Comunicações por me ter proporcionado apoio e comodidade durante os meus estudos na Academia Árabe para a Ciência, Tecnologia e Transportes Marítimos. Os meus agradecimentos especiais vão para os meus colegas e amigos **Eng. El-Nasser Youssef** e **Eng. Abdelelah Alzahed** pela sua ajuda e apoio contínuos.

Resumo

A comunicação por Espaço Livre Ótico (FSO) tem sido alvo de grande interesse nos últimos anos como solução para alguns desafios que se colocam às comunicações por fibra ótica e às comunicações sem fios.

A conceção de transmissores e receptores, a investigação de erros de apontamento, o efeito de fenómenos ambientais, o orçamento da ligação, a disponibilidade e a taxa de erro de bits (BER) são alguns dos pontos de investigação importantes necessários para investigar, analisar e avaliar o desempenho de uma ligação FSO.

Nesta tese, é apresentada uma proposta de análise e avaliação do desempenho do sistema FSO. É apresentado um modelo de orçamento matemático da ligação, incluindo o ganho geométrico do emissor e do recetor, as eficiências ópticas, a perda de percurso no espaço livre, os factores de perda de erro de apontamento para vários comprimentos de onda (785 nm, 850 nm e 1550 nm) e códigos de linha de modulação (sem retorno a zero (NRZ) e retorno a zero (RZ)). O desempenho do sistema é investigado sob dois fenómenos meteorológicos (condições atmosféricas e turbulência) de forma independente e conjunta. Além disso, é considerado o efeito do ruído térmico nos fotodetectores (fotodetector de avalanche (APD) e fotodetector positivo-intrínseco-negativo (PIN)).

Os resultados obtidos demonstraram o funcionamento superior do sistema com um comprimento de onda de transmissão de 1550 nm, código de linha NRZ e APD. Os resultados mostraram que o efeito do nevoeiro (independentemente) no nível do sinal recebido, no erro de apontamento máximo admissível e no BER é o maior entre outros fenómenos meteorológicos. O nevoeiro e a fraca turbulência, em conjunto, têm o maior efeito no nível do sinal, no erro de apontamento máximo e na BER, em comparação com os outros fenómenos meteorológicos conjuntos que podem ocorrer.

LISTA DE SÍMBOLOS

$c_n{}^2$	Refractive index parameter.
D_R	Receiver aperture diameter.
D_T	Transmitter aperture diameter.
G_R	Receiving antenna gain.
G_T	Transmitting antenna gain.
I	Total current.
I_0	Average photo detector current for "0" bit received.
I_1	Average photo detector current for "1" bit received.
I_p	Average photo detector current without noise effect.
I_t	Received irradiance.
I_x	Large scale eddies irradiance.
I_y	Small scale eddies irradiance.
i_T	Thermal noise current fluctuation.
K	Boltzmann constant.
k	Wave number.
$K_{\gamma-\beta}$	Modified Bessel function of second kind.
L_R	Pointing error loss factor at the receiver.
L_T	Pointnig error loss factor at the transmitter.
P_T	Power transmitted.
P_R	Power received.
q	Size distribution of scattering particles.
R	Responsivity of photo detector.
R_L	Load resistance.
T	Absolute temperature.
V	Visibility.
Z	Link range.
α	Atmospheric attenuation coefficient.
β	Number of small scale eddies.
Γ	Gamma function.
γ	Number of large scale eddies.
Δf	Effective noise bandwidth.
η	Quantam efficiency.
η_R	Receiver efficiency.
η_T	Transmitter efficiency.
θ_R	Receiver pointing error.
θ_T	Transmitter pointing error.
λ	Transmitting wavelength.
σ_T^2	Thermal noise variance.
$\sigma_r{}^2$	Rytov variance.

LISTA DE ABREVIATURAS

AEL	Allowable Exposure Limit.
ANSI	American National Standards Institute.
APD	Avalanche Photodetector .
AWGN	Additive White Gaussin Noise
BEP	Bit Error Probability.
BER	Bit Error Rate
BPSK	Binary Phase Shift Keying.
CENELEC	European Committee for Electrotechnical Standardization.
DPSK	Differential Phase Shift Keying.
DQPSK	Differential Quadrature Phase Shift Keying.
FSO	Free Space Optical.
IEC	International Electrotechnical Commission.
IM/DD	Intensity Modulation Direct Detection.
LDPC	Low Density Parity Check.
LED	Light Emitting Diode.
LOS	Line of Sight.
LSC	Laser Satellite Communication.
MIMO	Multi Input/Multi Output.
NRZ	Non Return to Zero.
OOK	On-Off Keying.
PDAs	Personal Digital Assistants.
pdf	Probability Density Function.
PIN	Positive Intrinsic Negative .
PPM	Pulse Position Modulation.
QCL	Quantam Cascaded Laser
RF	Radio Frequency.
RZ	Return to Zero.
SDRT	Space Diversity Reception Technique.
SIM	Subcarrier Intensity Modulation
SNR	Signal to Noise Ratio
VCSEL	Vertical Cavity Surface Emitting Laser.
WOC	Wireless Optical Communications.

Capítulo 1: Introdução

1.1 - Introdução

Nas últimas décadas, tem-se verificado uma procura sem precedentes de tecnologias sem fios. Tanto os clientes industriais como os particulares estão a exigir produtos - para uma vasta gama de aplicações - que incorporem caraterísticas sem fios, que lhes permitam trocar, receber ou transmitir informações sem o inconveniente de terem de estar fixos num determinado local. Os computadores portáteis, os assistentes pessoais digitais e os telemóveis, para citar apenas alguns exemplos, estão a tornar-se parte da vida quotidiana de um número crescente de pessoas. Todos estes dispositivos estão a incorporar cada vez mais tecnologias que lhes permitem funcionar sem cabos.

A comunicação ótica sem fios (WOC) moderna começou no final da década de 1970. No entanto, no início da década de 1990, tornou-se comercialmente disponível. Durante os últimos 40 anos, a WOC expandiu-se para incluir missões espaciais profundas e redes terrestres ligadas a nós com uma distância de separação de 4 km, com débitos até 1 Gbps para aplicações exteriores em linha de vista (LOS) e débitos de 10 a 100 s de Mbps para aplicações interiores, de acordo com as dimensões do interior, as fontes de ruído circundantes e as configurações da WOC. As principais vantagens do WOC são: 1) não há requisitos de licenciamento, 2) não são necessárias tarifas para a sua utilização, 3) não há riscos de radiação de radiofrequência (RF) (os níveis de potência seguros para os olhos são mantidos), 4) não há necessidade de escavar estradas, etc. (economia de tempo e de custos, além de contornar procedimentos burocráticos irritantes), 5) tem uma grande largura de banda, o que permite taxas de dados muito altas; 6) é pequeno, leve, barato e compacto, e 7) tem baixo consumo de energia [1,2].

A comunicação FSO, que é a configuração LOS do WOC, é apresentada como uma solução de comunicação sem fios com licença livre. O FSO pode ser utilizado como cabo de fibra ou backhaul de sistemas RF e em sistemas de comunicação por satélite.

A obtenção de um desempenho aceitável para uma ligação FSO prática exige a superação de alguns desafios importantes, no transmissor, a determinação de técnicas de modulação [3,4], fontes de luz adequadas [5] e comprimentos de onda de transmissão [6,7]. Além disso, os níveis de potência de transmissão e os erros de apontamento são vários obstáculos que se colocam ao projeto do transmissor [7-9].

São vários os desafios que se colocam ao desempenho do canal. Em primeiro lugar, o fenómeno da perda de trajetória no espaço livre [5,6]. Em segundo lugar, a investigação dos efeitos de diferentes condições climatéricas que aparecem nos estudos sobre dispersão [10-12], turbulência [13] e cintilação [11], [14].

O recetor da ligação FSO afecta fortemente o comportamento da ligação. Os tipos de detectores [5], [13], [15], as várias fontes de ruído [6], [16] e as técnicas de correção de erros para manter os níveis desejados de aceitação de BER são os principais factores que devem ser considerados na conceção de receptores FSO práticos [3], [8], [17]. Para os transmissores de ligações FSO, são utilizadas muitas técnicas de modulação, tais como NRZ, RZ [3], [18], PPM [15], BPSK [18] e DQPSK [3]. São utilizados diferentes tipos de fontes de luz em FSO, como LED [5], lasers VSCEL [19], QCL [6], [7]. São avaliados vários comprimentos de onda, tais como 785 nm [10], 850 nm [11], 1550 nm [6], [10] e 10 000 nm [6]. Os factores de perda de erros de apontamento são discutidos [6-9]. Para um canal de ligação FSO, o efeito da dispersão é avaliado através do modelo de Kim [10-12], do modelo de Kruse [11,12], do modelo de nevoeiro de advecção de Al Naboulsi [12],[20] e do modelo de nevoeiro de convecção (radiação) de Al Naboulsi [12],[20], dos fenómenos de turbulência e cintilação [14] que são avaliados no modelo de canal log normal [15], no modelo de canal exponencial negativo [15] e no modelo gama-gama [13]. O APD e o PIN são introduzidos como receptores de ligações FSO [5], [14], [15], sendo o seu desempenho afetado pelo ruído térmico [6], [16], pelo ruído de disparo [6], [16] e, por vezes, o ruído do detetor FSO é estimado pelo ruído branco gaussiano aditivo (AWGN) [13]. São utilizadas técnicas de correção de erros para manter os níveis desejados de BER, como os códigos de verificação de paridade de baixa densidade (LDPC) [8], [17] e os códigos convolucionais [21].

1.2 - Objetivo do livro

Neste livro, são efectuadas análises e investigações para avaliar o desempenho do sistema FSO proposto. O orçamento da ligação consiste nos efeitos da perda de percurso no espaço livre, do ganho geométrico dos transmissores e receptores, das eficiências ópticas, dos factores de perda de erro de apontamento e é utilizado em vários comprimentos de onda (785 nm, 850 nm e 1550 nm), operando sob diferentes fenómenos meteorológicos (condições atmosféricas e turbulência) de forma independente e conjunta. O desempenho de dois códigos de linha de modulação (NRZ e RZ) e de dois fotodetectores (APD e PIN) também é destacado.

1.3 - Organização do livro

A organização deste livro é a seguinte: O Capítulo 2 apresenta os antecedentes dos tópicos relevantes para o tema do livro, tais como as caraterísticas do FSO, as áreas de aplicação, o diagrama de blocos do FSO, os efeitos atmosféricos, o ruído, os esquemas de modulação, as configurações WOC e o FSO no mercado. No final do Capítulo 2, é feita a revisão da literatura. O modelo matemático e as especificações do sistema são apresentados no Capítulo 3.

O Capítulo 4 começa com a configuração do sistema FSO proposto e apresenta resultados, discussões e comentários para a avaliação do desempenho do sistema. O Capítulo 5 resume as conclusões e sugere alguns pontos de recomendação para trabalhos futuros no mesmo âmbito deste livro. O trabalho é encerrado com uma lista de referências.

Capítulo 2: Antecedentes e revisão da literatura

2.1 - Introdução

Nas últimas décadas, tem-se verificado uma procura sem precedentes de tecnologias sem fios. Tanto os clientes industriais como os particulares estão a exigir produtos - para uma vasta gama de aplicações - que incorporem caraterísticas sem fios, que lhes permitam trocar, receber ou transmitir informações sem o inconveniente de terem de estar fixos num determinado local. Os computadores portáteis, os assistentes pessoais digitais e os telemóveis, para citar apenas alguns exemplos, estão a tornar-se parte da vida quotidiana de um número crescente de pessoas. Todos estes dispositivos estão a incorporar cada vez mais tecnologias que lhes permitem funcionar sem cabos.

As vantagens das tecnologias sem fios não se limitam à comodidade do utilizador - em termos de mobilidade - e à flexibilidade na colocação dos terminais. Também é possível obter reduções significativas de custos e de tempo, numa série de aplicações, utilizando soluções sem fios. A reconfiguração de terminais de computador ou de sistemas de microcontroladores (em locais como laboratórios, salas de conferência, escritórios, hospitais, locais de produção ou instituições de ensino), por exemplo, pode ser efectuada de forma relativamente barata e rápida com redes sem fios. A manutenção e reconfiguração de redes com fios, por outro lado, é normalmente efectuada de forma mais dispendiosa, demorada e complicada (especialmente em situações em que os cabos são ligados à terra ou instalados em locais inacessíveis). Além disso, os cabos são susceptíveis de serem danificados, o que significa uma potencial interrupção do funcionamento da rede [1, 2].

Atualmente, a comunicação FSO é um dos principais temas em voga no mundo das comunicações ópticas e sem fios. A FSO é frequentemente designada por transmissão "sem fibras ópticas" ou "sem fios ópticos". Este tipo de tecnologia de comunicações ópticas sem fibras utiliza um feixe de luz estreito e altamente direcionado para transmitir dados entre dois pontos fixos através de canais não guiados [19].

A topologia LOS é utilizada para as ligações FSO, uma vez que o transmissor e o recetor estão alinhados sem qualquer barreira que possa levar à falha da ligação. Os canais não guiados FSO podem ser o espaço, a atmosfera e a água do mar ou uma combinação destes meios [22].

O FSO surgiu comercialmente como uma alternativa aos sistemas sem fios de radiofrequência e de ondas milimétricas, melhorando o desempenho das redes de dados e de voz. Considerando as bandas livres de licença emergentes nos sistemas de radiofrequência, a largura de banda e as limitações de alcance mostram um melhor desempenho do FSO em comparação com outras bandas livres de licença.

O fotofone de Alexander Graham Bell, inventado em 1880, é a forma mais antiga de FSO. Nesta experiência, a radiação solar foi modulada com sinais de voz e foi transmitida a uma distância de cerca de 200 metros. O recetor era constituído por um espelho parabólico com uma célula de selénio no seu ponto focal. No entanto, a experiência não correu muito bem devido ao mau desempenho dos dispositivos utilizados e à natureza da radiação solar como portadora. Na altura da descoberta do laser, em 1960, o problema da má fonte de portadores de frequência estava resolvido [23].

2.2 - Caraterísticas do FSO

a) **Largura de banda de modulação elevada:** Em qualquer sistema de comunicação, a quantidade de dados transportados está diretamente relacionada com a largura de banda da portadora modulada. A largura de banda de dados admissível pode ir até 20% da frequência da portadora. A gama utilizável de portadoras ópticas, cuja frequência varia entre 1012-1016 GHz, pode atingir até 2000 THz de largura de banda de dados. As comunicações ópticas garantem, por conseguinte, uma maior capacidade de informação. A largura de banda de frequência utilizável na gama RF é comparativamente inferior, por um fator de 10^5 [22, 23].

b) **Tamanho do feixe estreito:** O laser orgulha-se de ter um feixe extremamente estreito. Tem um limite de divergência de difração entre 0,01 e 0,1 mrad. Isto implica que a potência transmitida se concentra apenas numa área muito estreita, impedindo assim uma ligação FSO de potenciais interferências [22, 23].

c) **Espectro não licenciado:** As frequências ópticas estão isentas de todas as licenças e taxas. Os custos iniciais de instalação e o tempo de implantação são reduzidos, pelo que o investimento total aumenta [22, 23].

d) **Barato:** O custo de implantação do FSO é inferior ao da RF com uma taxa de dados comparável. Com base num estudo recente efectuado por uma empresa de FSO sediada no Canadá, o custo por Mbps por mês baseado em FSO é cerca de metade do dos sistemas baseados em RF.

Em comparação com as ligações de fibra, o FSO é económico, uma vez que não é necessário escavar, como mostram as Figuras 2.1 e 2.2 [5],[22].

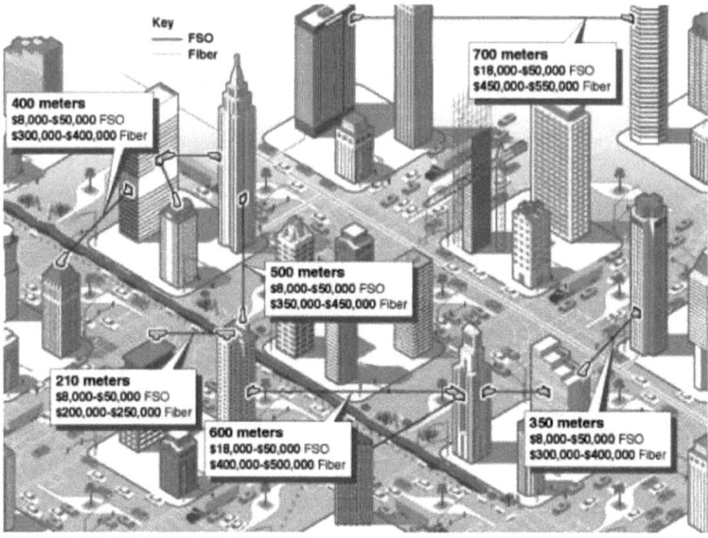

Figura 2.1: Custo da ligação de fibra FSO VS [24].

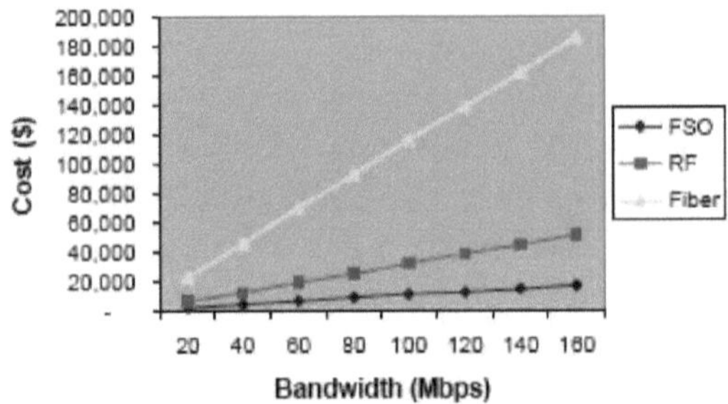

Figura 2.2: Comparação entre largura de banda e custo de ligações FSO, RF e fibra [24].

e) **Rápida implantação e reimplantação:** O tempo necessário para que uma ligação FSO fique totalmente operacional, desde a instalação até ao alinhamento da ligação, pode ser de apenas quatro horas. Estas quatro horas são o tempo necessário para criar LOS entre o emissor e o recetor. Pode também ser desmontada e reposicionada noutro local com bastante facilidade. A Figura 2.3 mostra uma implantação prática de uma ligação FSO [22].

Figura 2.3: Implantação prática de uma ligação FSO

f) **Dependente das condições climatéricas:** Os sistemas FSO são também menos vulneráveis à neve e à chuva do que os sistemas RF. Por outro lado, uma ligação FSO é altamente afetada pelo nevoeiro e pela turbulência atmosférica [23].

2.3 - Áreas de aplicação

As FSO podem complementar outras tecnologias (como as comunicações RF com e sem fios), disponibilizando aos utilizadores finais a enorme largura de banda que reside na espinha dorsal de fibra ótica. A maioria dos utilizadores finais encontra-se a uma curta distância da espinha dorsal, cerca de uma milha ou menos. Isto torna a FSO muito atraente como ponte de dados entre a espinha dorsal e os utilizadores finais. Além disso, o FSO é utilizado em sistemas de comunicação de longa distância, como as redes de satélites. O FSO foi considerado adequado para utilização nos seguintes domínios [22], [23], [25]:

a) **Acesso à última milha:** A FSO pode ser utilizada para colmatar o fosso de largura de banda que existe entre os utilizadores finais e a espinha dorsal de fibra ótica. Estão prontamente disponíveis no mercado ligações que vão de 50 m a alguns quilómetros, com débitos de dados que vão de 1 Mbps a 2,5 Gbps.

b) **Ligação de reserva de fibra ótica:** é utilizada para fornecer uma reserva contra a perda de dados ou falhas de comunicação em caso de danos ou de falta da ligação principal de fibra ótica.

c) **Comunicação por satélite:** A comunicação por satélite a laser (LSC) é utilizada como substituto da comunicação por rádio em satélites, como mostra a Fig. 2.4. O terminal LSC inclui um transmissor e um recetor ópticos que são colocados em satélites a uma distância de separação entre centenas e milhares de quilómetros [25].

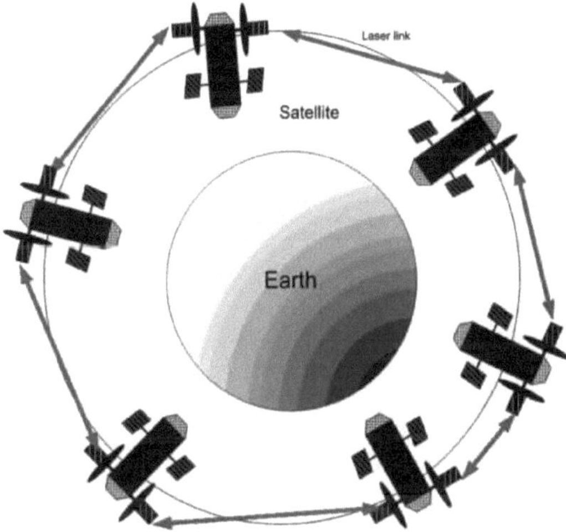

Figura 2.4: Rede de satélites laser [25].

d) **Back-haul de comunicações celulares:** pode ser utilizado para o tráfego de back-haul entre estações de base e centros de comutação nas redes de terceira e quarta geração. A figura 2.5 mostra a ligação FSO que surgiu na rede celular suportada pela MobiNil-Egito.

e) **Terreno difícil:** Como mostra a Fig. 2.6, por exemplo, através de um rio, de uma rua muito movimentada, de carris ou quando não existe direito de passagem ou este é demasiado caro. Nestes casos, a FSO é uma ponte de dados atractiva.

f) **Televisão de alta definição:** Tendo em conta a enorme necessidade de largura de banda das câmaras de alta definição e dos sinais de televisão, a FSO está a ser cada vez mais utilizada na indústria da radiodifusão para transportar sinais em direto de câmaras de alta definição em locais remotos para um escritório central.

Figura 2.5: Ligação FSO surgida na rede celular MobiNil-Egito [26].

Figura 2.6: Quatro sistemas FSO de alta capacidade em paralelo sobre o rio Hudson, Nova Iorque [24].

2.4 - Diagrama de blocos FSO

O sistema de comunicação FSO, tal como outros sistemas, é composto por três partes: transmissor, canal e recetor. O diagrama de blocos do sistema FSO é apresentado na Fig. 2.7 [22, 23].

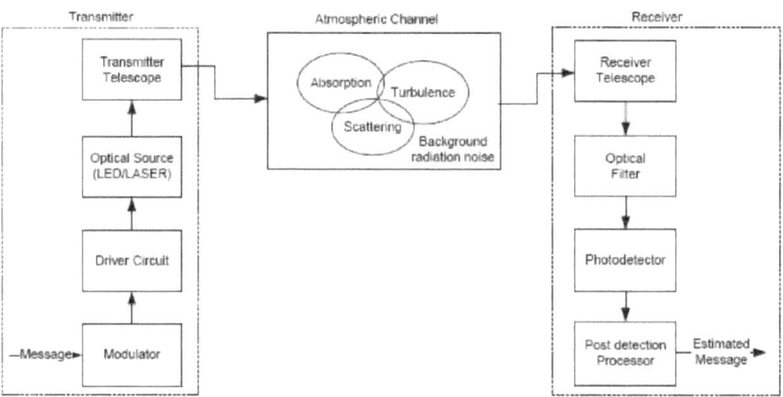

Figura 2.7: Diagrama de blocos da ligação FSO [22, 23].

2.4.1 - O transmissor

Tabela 2.1: Fontes ópticas

Fonte ótica	**Comprimento de onda de funcionamento**	**Caraterísticas**
Laser de emissão de superfície com cavidade vertical (VCSEL)	~ 850 nm	-Barato. - Nível de potência de miliwats. -Velocidade de dados até 10 Gbps.
Lasers Fabry-Perot e de retorno distribuído	~ 1300/~ 1550 nm	-Longa duração. -Critérios de segurança ocular mais baixos. -Níveis de potência elevados que atingem 1-2 W. -Taxas de dados elevadas até 40 Gbps.
Díodos emissores de luz (LED)	~ 800/~ 900 nm	-Barato. -Safe. -Baixos débitos de dados (< 200 Mpbs). -Níveis de potência baixos (< 10 mW).

O bloco do transmissor é responsável pela modulação da mensagem desejada para ser transmitida através do canal atmosférico até ao seu destino. A modulação das mensagens é normalmente realizada através da modulação da intensidade, variando a corrente de condução da fonte ótica diretamente em função dos bits da mensagem ou utilizando um modulador externo, como o interferómetro de Mach-Zehnder.

O telescópio do transmissor é utilizado para recolher e dirigir o sinal modulado para o recetor. As fontes ópticas mais comummente utilizadas nas comunicações ópticas no espaço livre são apresentadas na Tabela 2.1. Nas ligações FSO, os comprimentos de onda operacionais são geralmente selecionados entre 750-850 nm e 1520-1600 bandas [22],[23].

2.4.2 - O destinatário

O recetor ótico do FSO é utilizado para recuperar os dados transmitidos. O recetor é constituído por um telescópio, um filtro passa-faixa, um fotodetector e um circuito de decisão [22, 23].

O telescópio do recetor é utilizado para recolher e focar o feixe recebido no fotodetector. Quanto mais ampla for a área do telescópio, mais este recolhe o feixe e recolhe também os ruídos e as radiações de fundo indesejáveis. O filtro passa-banda ótico é utilizado para reduzir o ruído e as radiações recolhidos pelo telescópio.

Os fotodetectores mais utilizados são o PIN e o APD. Um fotodíodo PIN é constituído por uma camada de semicondutores do tipo p e outra do tipo n, separadas por uma camada intrínseca. A camada do tipo p é muito fina. Assim, os fotões incidentes podem passar diretamente através da região intrínseca, onde podem gerar pares eletrão-buraco. Quaisquer pares que sejam gerados são rapidamente varridos para as camadas do tipo p e n, onde contribuem para a fotocorrente. O fotodíodo PIN tem associada uma eficiência quântica que depende da refletividade da camada tipo p, do comprimento de absorção da região intrínseca e do comprimento da região de depleção. A eficiência quântica, η, é uma medida do número médio de pares eletrão-buraco gerados por fotão incidente. Num fotodíodo PIN prático, η varia entre 0,3 e 0,95 [27].

O APD é construído de forma semelhante a um fotodíodo PIN. Em alguns modelos, existe uma segunda camada do tipo p entre a camada intrínseca e a camada do tipo n (as camadas são p-i-p-n). Os fotões incidentes continuam a gerar pares eletrão-buraco, mas agora existe um efeito de "avalanche". Cada eletrão ou buraco livre tem o potencial de criar mais electrões ou buracos livres à medida que atravessa a região de ganho (a camada extra tipo p e parte da camada tipo n). Cada novo eletrão ou buraco criado pode então repetir o processo até que todos os portadores tenham saído da região de ganho. Este processo de avalanche cria múltiplos portadores para cada fotão incidente. Este aumento do número de portadores é conhecido como ganho APD. A tabela 2.2 apresenta uma lista de algumas das caraterísticas comerciais dos PIN e APD fabricados a partir de diferentes materiais [27].

Tabela 2.2: Caraterísticas dos fotodíodos PIN e APD fabricados a partir de diferentes materiais [28]

Material e estrutura	Comprimento de onda (nm)	Capacidade de resposta (A/W)	Ganho
Si PIN	300-1100	0.5	1
Ge PIN	500-1800	0.7	1
InGaAs PIN	1000-1700	0.9	1
Si APD	400-1000	77	150

Ge APD	800-1300	7	10
APD InGaAs	1000-1700	9	10

Finalmente, o circuito de decisão é onde se efectua qualquer tipo de amplificação ou processamento de sinal necessário à recuperação de dados [22].

2.5 - Efeitos atmosféricos

A atmosfera é definida como a massa gasosa ou o envelope que envolve um corpo celeste (Terra). A atmosfera atinge mais de 560 km da superfície da Terra e é retida pela força gravitacional da Terra. As ligações FSO operam na parte inferior da atmosfera (que é a mais próxima da superfície da Terra e é chamada troposfera), onde se comporta como um fluido em equilíbrio hidrostático e a sua densidade é maior [1].

O desempenho de uma ligação FSO depende essencialmente da climatologia e das caraterísticas físicas do local de instalação. As condições meteorológicas reduzem a visibilidade, o que também afecta o desempenho da ligação FSO. Os principais factores que afectam o desempenho incluem a atenuação atmosférica, a turbulência e a atenuação das janelas.

2.5.1 - Atenuação atmosférica

A atenuação atmosférica é o processo pelo qual parte ou a totalidade da energia de uma onda electromagnética se perde (absorvida e/ou dispersa) ao atravessar a atmosfera. A absorção é definida como o processo de conversão da energia de um fotão em energia interna, quando a radiação electromagnética é captada pela matéria. Quando as partículas na atmosfera absorvem a luz, esta absorção provoca uma transição (ou excitação) nas moléculas da partícula de um nível de energia mais baixo para um mais alto. A única luz que pode ser absorvida é a que provém de uma energia capaz de criar transições de um nível energético para outro. As moléculas regressam aos seus estados originais não excitados através de emissões discretas de radiação. A Figura 2.8 mostra o efeito das condições climatéricas na ligação FSO [1].

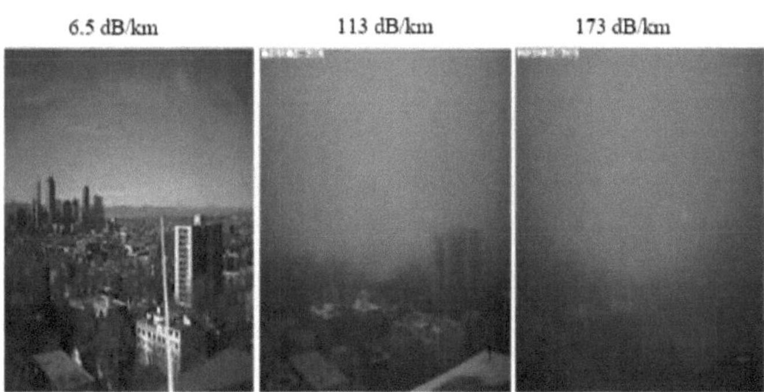

Figura 2.8: Denver, Colorado, evento de nevoeiro [19].

A dispersão é definida como a dispersão de um feixe de partículas ou de radiação numa série de direcções em resultado de interações físicas. Quando uma partícula intercepta uma onda electromagnética, uma parte da energia da onda é removida pela partícula e irradiada novamente para um ângulo sólido centrado nela. O comportamento da re-radiação (dispersão) depende das caraterísticas da partícula: o seu tamanho em relação ao comprimento de onda da energia interceptada, o seu índice de refração. A dispersão de Rayleigh, a dispersão de Mie e a dispersão não selectiva são os três principais tipos de dispersão atmosférica [1],[10].

2.5.2 - Turbulência

A radiação solar absorvida pela superfície da Terra faz com que o ar à volta da superfície da Terra seja mais quente do que o ar a uma altitude mais elevada. Esta camada de ar mais quente torna-se menos densa e mistura-se de forma turbulenta com o ar mais frio circundante, fazendo com que a temperatura do ar flutue aleatoriamente. As não homogeneidades causadas pela turbulência podem ser vistas como células discretas, como mostra a Fig. 2.9, ou redemoinhos de diferentes temperaturas, actuando como prismas refractivos de diferentes tamanhos e índices de refração [22].

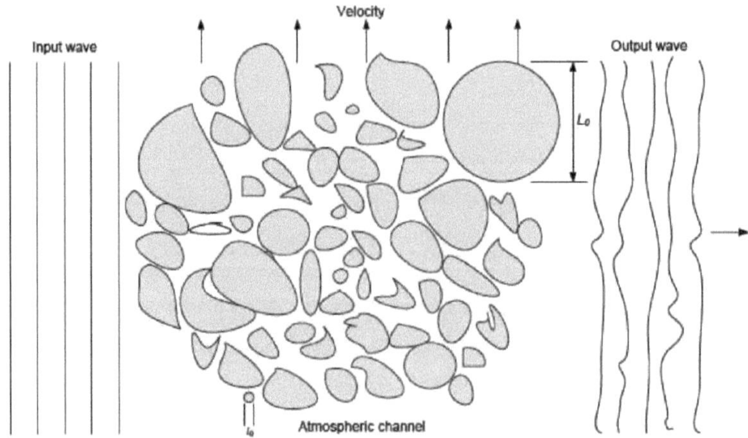

Figura 2.9: Canal atmosférico com turbilhões turbulentos [22].

A interação entre o feixe laser e o meio turbulento resulta em variações aleatórias de fase e amplitude (cintilação) do feixe ótico portador de informação, o que, em última análise, resulta na degradação do desempenho das ligações FSO.

A turbulência atmosférica é geralmente classificada em regimes que dependem da magnitude da variação do índice de refração e das inomogeneidades. Estes regimes são uma função da distância percorrida pela radiação ótica através da atmosfera e são classificados como fracos, moderados, fortes e de saturação. Os modelos matemáticos mais conhecidos que descrevem os fenómenos de turbulência são os modelos log-normal, gama-gama e exponencial negativo [13, 14].

2.5.3 - Atenuação de janelas

Uma das vantagens dos sistemas FSO é o facto de permitirem a comunicação através de janelas sem necessidade de antenas montadas no telhado [19]. Isto é especialmente vantajoso para a ligação de clientes individuais que podem ou não ter acesso ao telhado de um edifício e que podem também ter de pagar para aceder à cablagem de elevação de um edifício. Embora as janelas permitam a passagem de sinais ópticos através delas, todas elas acrescentam alguma atenuação ao sinal.

2.5.4 - Divergência do feixe

A manutenção do alinhamento dos emissores-receptores é uma questão importante para os sistemas FSO. Os emissores-receptores FSO transmitem um feixe de luz altamente direcional e estreito, com uma divergência de 0,05 a 1,0 mrad no emissor, que se espalha normalmente por cerca de 5 cm a 1 m de diâmetro a uma distância de 1 km. Assim, o sistema deve ser fixado de forma eficiente para garantir que chegue energia suficiente ao recetor [19].

2.6 - Ruído

Os receptores ópticos convertem a potência ótica incidente em corrente eléctrica através de um fotodíodo. Diferentes mecanismos de ruído conduzem a flutuações na corrente, mesmo quando o sinal ótico incidente tem uma potência constante. Os principais mecanismos de ruído nos fotodetectores FSO são o ruído térmico, o ruído de disparo e o ruído de fundo.

2.6.1 - Ruído térmico

Os electrões movem-se aleatoriamente em qualquer condutor a uma determinada temperatura, o movimento térmico aleatório dos electrões numa resistência manifesta-se como uma corrente flutuante, mesmo na ausência de uma tensão aplicada. A resistência de carga na extremidade dianteira de um recetor ótico adiciona essas flutuações à corrente gerada pelo fotodíodo [29].

2.6.2 - Ruído de disparo

O ruído de disparo ótico é causado por flutuações de corrente criadas pela natureza discreta dos portadores de carga. A corrente escura e o ruído quântico são dois tipos de ruído de disparo na fotocorrente [1]. A corrente que continua a fluir no fotodíodo quando não há luz incidente conduz ao ruído de corrente escura, que é independente do sinal ótico. O efeito das correntes escuras em fotodíodos de silício bem concebidos pode ser reduzido. A natureza discreta do processo de fotodetecção cria um ruído de disparo dependente do sinal, denominado ruído quântico. O ruído quântico é produzido pela natureza quântica dos fotões que chegam ao detetor. O ruído quântico produzido está diretamente relacionado com a quantidade de luz incidente no fotodetector. É uma função da potência ótica média.

2.6.3 - Ruído de fundo

A radiação de fundo do sol, a iluminação artificial ou outras fontes de luz reflectida ou dispersa constituem uma fonte indesejável de energia para os receptores [27]. Trata-se de um problema específico das comunicações ópticas resultante de fotões de alta energia em comprimentos de onda ópticos.

2.7 - Esquemas de modulação

O OOK (On-Off Keying) é o esquema de modulação mais utilizado nos sistemas FSO comerciais. Depende simplesmente dos códigos de linha sem retorno a zero (NRZ) e com retorno a zero (RZ) devido à sua simplicidade. Para NRZ-OOK, o símbolo do impulso "1" é representado pelo pico ótico do impulso e o impulso "0" é representado por um fator do pico ótico do impulso. Para o RZ-OOK, o impulso "1" é representado como o mesmo do NRZ-OOK e o impulso "0" é representado por potência zero. Outros esquemas de modulação, como a modulação da posição do impulso (PPM) e a modulação da intensidade da subportadora (SIM), podem ser utilizados em sistemas FSO [22, 23].

2.8 - Classificação das configurações de comunicação ótica sem fios

A classificação das ligações WOC é apresentada na Figura 2.10; a classificação é dividida em duas categorias. A primeira categoria é LOS ou não-LOS e a segunda categoria é a directividade [30].

Para a primeira categoria, LOS significa ligação direta ao recetor e não através de reflexão, o que aumenta a eficiência energética. O não-LOS significa que o feixe chega ao recetor através de reflexão, o que aumenta a facilidade de utilização, mesmo que uma pessoa esteja entre o transmissor e o recetor. Para a segunda categoria, a directividade é calculada pela capacidade do recetor de ver o feixe. Quanto mais o recetor for capaz de receber o feixe, mais o sistema é fiável.

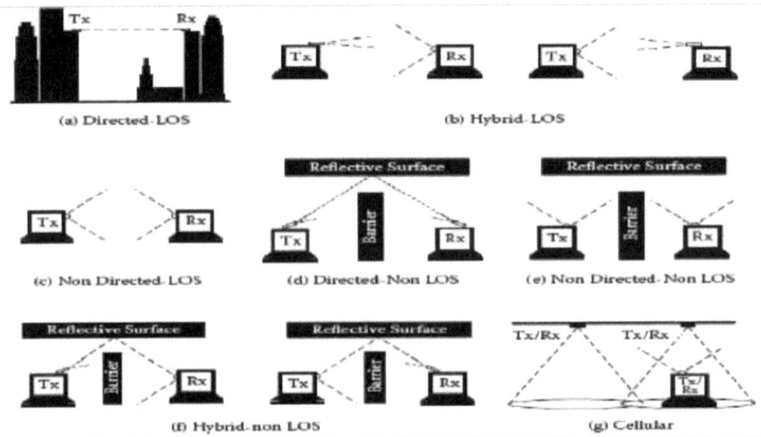

Fig. 2.10: Classificação das ligações WOC [28].

2.9 - Conceção de sistemas de abertura múltipla FSO

A conceção de abertura múltipla pode ultrapassar alguns dos principais problemas das ligações FSO. O bloqueio súbito do feixe resultante de obstáculos (por exemplo, aves) é minimizado. Além disso, a utilização de múltiplas aberturas com múltiplos lasers no lado da transmissão pode levar à redundância do trajeto de transmissão no caso de uma fonte laser falhar. Pode também minimizar o efeito da turbulência atmosférica nas ligações FSO de longa distância [19].

Uma desvantagem de uma abordagem de abertura múltipla é o facto de aumentar a complexidade porque a luz tem de ser efetivamente acoplada a um ou mais receptores quando são utilizadas ópticas de receptores múltiplos. O aumento da complexidade do sistema conduz a um custo mais elevado do sistema, o que pode não ser uma solução adequada em algumas aplicações.

2.10 - Segurança dos olhos e da pele

As considerações de segurança devem ser tidas em conta na conceção de uma ligação ótica sem fios. Uma vez que a energia é propagada num canal de espaço livre, deve ser considerado o impacto desta radiação na segurança humana. Existem vários organismos de normalização internacionais que fornecem orientações sobre as emissões de LED e laser, nomeadamente: a Comissão Eletrotécnica Internacional (IEC) (IEC60825-1), o Instituto Nacional Americano de Normalização (ANSI) (ANSI Z136.1), o Comité Europeu de Normalização Eletrotécnica (CENELEC), entre outros. Nesta secção, vamos considerar a norma IEC que tem sido amplamente adoptada [1, 2]. Esta norma classifica os principais limites de exposição das fontes ópticas. A Tabela 2.3 inclui uma lista das principais classes em que um radiador ótico pode ser incluído.

Quadro 2.3: Interpretação da classificação de segurança IEC para fontes ópticas [28]

Classe de segurança	Interpretação
Classe 1	Seguro em condições de funcionamento razoavelmente previsíveis.
Classe 2	Proteção ocular proporcionada por respostas de aversão, incluindo o reflexo de pestanejar, apenas para fontes visíveis (λ=400-700 nm).
Classe 3A	Seguro para visualização a olho nu. A visualização direta intra-feixe com auxílios ópticos pode ser perigosa.
Classe 3B	A visualização direta intra-feixe é sempre perigosa. A visualização de reflexos difusos é normalmente segura.

O parâmetro crítico que determina se uma fonte se enquadra numa determinada classe depende da aplicação. O limite de exposição admissível (AEL) depende do comprimento de onda da fonte ótica, da geometria do emissor e da intensidade da fonte [2]. A escolha do comprimento de onda ótico a utilizar para a ligação ótica sem fios também tem impacto no AEL. O Quadro 2.3 apresenta os limites para a potência ótica média transmitida para as classes CEI enumeradas no Quadro 2.4 em quatro comprimentos de onda diferentes.

Quadro 2.4: Classificação de segurança das fontes pontuais com base na potência ótica média admissível para uma variedade de comprimentos de onda ópticos [28]

Classe de segurança	650 nm visível	Infravermelhos de 880 nm	Infravermelhos de 1310 nm	Infravermelhos de 1550 nm
Classe 1	< 0,2 mW	< 0,5 mW	< 8,8 mW	< 10 mW
Classe 2	0,2-1 mW	n/a	n/a	n/a

Classe 3A	1-5 mW	0,5-2,5 mW	8,8-45 mW	10-50 mW
Classe 3B	5-500 mW	2,5-500 mW	45-500 mW	50-500 mW

As considerações de segurança ocular limitam a potência ótica média que pode ser transmitida. Este é outro fator que afecta o desempenho das ligações FSO.

2.11 - FSO no mercado

As ligações de comunicação FSO estão disponíveis no mercado e são utilizadas em diversas aplicações. Os débitos de dados das ligações FSO práticas variam entre 1,25 Mbps-10 Gbps e as distâncias das ligações podem atingir 7 km. A Figura 2.11 mostra as empresas líderes de mercado que fornecem ligações FSO [31]-[33].

Fig. 2.11: Empresas líderes no mercado de FSO.

2.12 - Revisão da literatura

2.12.1 - Introdução

As avaliações de desempenho dos transmissores, receptores, comprimentos de onda, efeitos climáticos e ambientais das ligações FSO são os principais tópicos de interesse na investigação sobre FSO. Nesta secção, serão apresentados resumidamente os estudos mais importantes que nos guiam no nosso trabalho.

2.12.2 - Comprimentos de onda de transmissão de FSO

Em 2003, Hain Manor [5] apresentou os efeitos de diferentes janelas de comprimentos de onda no desempenho das ligações FSO. Foi derivado um modelo matemático para as ligações FSO de curto alcance e as simulações provam que a gama de comprimentos de onda de 10 μm atinge uma disponibilidade superior em 0,2% à da gama de comprimentos de onda de 0,785-1,55 μm, salientando a complexidade e o custo da fonte laser necessária para comprimentos de onda da gama de 10 μm. Os efeitos do desempenho do comprimento de onda nas ligações FSO foram testados em várias condições climatéricas.

2.12.3 - Efeitos dos fenómenos atmosféricos no desempenho das ligações FSO

2.12.3.1 - Atenuação atmosférica (dispersão)

A dispersão de Rayleigh, a dispersão de Mie e a dispersão geométrica e a sua dependência dos comprimentos de onda de transmissão foram avaliadas por Isaac I. Kim em 2001 [10]. Kim avaliou a relação entre o tamanho das partículas atmosféricas e o comprimento de onda do laser. É derivado um modelo matemático para estimar o nível de atenuação do feixe laser que depende do comprimento de onda e da visibilidade. Kim concluiu que, para uma visibilidade inferior a 500 m, o nível de atenuação é independente do comprimento de onda do laser, testando os comprimentos de onda de 785 nm e 1550 nm.

Em 2004, Maher Al Naboulsi avaliou o efeito do nevoeiro nos feixes laser [20]. É apresentado um modelo matemático para nevoeiro de advecção e convecção. O modelo apresentado é válido para a banda 690 nm-1550 nm. Os resultados mostraram que, em 780 nm, obtém-se um ganho de 42% em comparação com 1550 nm. Esta percentagem aumenta para 48% para 690 nm em comparação com o comprimento de onda de 1550 nm em condições de nevoeiro.

Em 2009, M. S. Awan investigou o efeito do nevoeiro, da chuva e da neve na propagação de impulsos ópticos no espaço livre [34]. O comportamento da atenuação atmosférica foi avaliado com base em dados de medições recolhidos em Graz, Milão, Nice e Praga. Os dados utilizados na análise para Graz, Milão, Nice e Praga consistem em seis meses (setembro de 2005 - fevereiro de 2006), dois meses (janeiro de 2005 - fevereiro de 2005), oito dias (24 de junho de 2004 - 1 de julho de 2004) e dois meses (setembro de 2007 e dezembro de 2007), respetivamente. Concluiu-se que o nevoeiro é o fator mais limitante em comparação com as perdas causadas pela chuva e pela neve.

Em 2009, M. S. Awan recolheu dados experimentais de atenuação de nevoeiro continental e seco numa ligação FSO de 80 m instalada em Graz, comparando-os com a densidade das partículas e dos flocos, respetivamente [35]. Com base nos valores observados de humidade relativa, temperatura e atenuação específica, para o caso da ligação FSO, Awan propôs um modelo empírico simples para prever a atenuação ótica em caso de nevoeiro continental, que mostrou uma forte correlação com a temperatura e a humidade relativa. Foi apresentada uma margem de ligação concluída para os diferentes casos de condições meteorológicas.

2.12.3.2- Turbulência atmosférica

M. A. Al-Habash introduziu em 2001 um modelo matemático para a função de densidade de probabilidade da irradiância de um feixe laser que se propaga através de meios turbulentos [36]. Neste modelo, considerou-se que as flutuações na intensidade do feixe laser resultam de turbilhões de pequena escala que são modulados por turbilhões de grande escala e que ambos são regidos por distribuições gama independentes. Foram efectuadas várias comparações com dados publicados de simulação de ondas planas e esféricas numa vasta gama de condições de turbulência (fraca a forte).

Um modelo gama-gama completo foi introduzido em 2001 por L. C. Andrews [37]. O modelo baseou-se no processo de modulação, em que se assume que a flutuação da radiação luminosa que atravessa uma atmosfera turbulenta consiste em efeitos de pequena escala (dispersão) e de grande escala (refração), em que se assume que os remoinhos de pequena escala são modulados pelos remoinhos de grande escala. A irradiância recebida normalizada foi definida como o produto de dois processos aleatórios estatisticamente independentes e concluiu-se uma função de distribuição de irradiância gama-gama. O modelo gama-gama foi apresentado para simular três regimes de turbulência (fraco, moderado e forte).

2.12.4- Avaliação dos esquemas de modulação

Em 2003, Shlomi Arnon avaliou a deteção direta por modulação de intensidade IM/DD utilizando técnicas

OOK e PPM [5]. Foi apresentado um modelo derivado de probabilidade de erro de bit para ambos os esquemas, concluindo-se que a técnica PPM apresenta uma melhor probabilidade de erro de bit.

O desempenho do erro do FSO utilizando uma modulação por intensidade de subportadora (SIM) baseada num esquema de chaveamento por deslocamento de fase binária (BPSK) numa atmosfera clara mas turbulenta foi apresentado por Wasiu O. Popoola em 2009 [13]. O desempenho do erro do sistema em regimes de turbulência, de fraca a forte, e a função de densidade de probabilidade (pdf) da irradiância recebida após atravessar a atmosfera foram modelados usando a distribuição gama-gama, enquanto a distribuição exponencial negativa foi usada para modelar a turbulência na região de saturação e além. Os resultados mostraram que, para obter BER de 10^{-6} , são necessários ~29 dB de SNR em turbulência fraca caracterizada por uma variância de intensidade logarítmica de 0,2. O valor da SNR necessária aumenta à medida que o nível de turbulência aumenta, como seria de esperar. Com diversidade espacial empregando dois fotodetectores, foi prevista uma redução de até 12 e 47 dB na SNR eléctrica com uma BER de 10^{-6} nos regimes de turbulência forte e de saturação, respetivamente.

W.O. Popoola avaliou o efeito da turbulência nos esquemas de modulação em 2009 [14]. Uma câmara equipada com elementos de aquecimento e ventiladores foi construída para produzir uma turbulência fraca. O efeito da turbulência na posição de decisão do símbolo no OOK e na ligação de comunicação laser BPSK-SIM foi avaliado. Verificou-se que o BPSK-SIM atinge um melhor desempenho da taxa de erro de bits para a mesma relação sinal/ruído (SNR). Popoola concluiu que as técnicas de modulação SIM ou por impulsos são, por conseguinte, propostas para sistemas FSO em canais atmosféricos turbulentos, uma vez que estas técnicas de modulação, ao contrário do OOK, não imprimem os dados diretamente na intensidade da radiação ótica.

Os formatos de modulação OOK, differential phase-shift keying (DPSK) e differential quadrature phase-shift keying (DQPSK) foram estudados por Z. Wang em 2009 [3]. Foi derivada uma fórmula em forma de série para avaliar o desempenho da BER do formato DPSK no canal distribuído gama-gama com a técnica de receção de diversidade espacial (SDRT). Os resultados mostraram que, no cenário de forte turbulência, os formatos OOK e DPSK podem ter até 19,5 dB e 20,3 dB de ganhos SDRT a 10^{-3} BER, respetivamente. Utilizando o SDRT, o ganho de modulação do formato DPSK sobre o formato OOK é de 3,2 dB no cenário de turbulência forte e de 4,5 dB no cenário de turbulência fraca, respetivamente. Nos cenários de turbulência moderada e forte, verifica-se também que os formatos DPSK e DQPSK têm quase o mesmo desempenho de BER sob a mesma taxa de símbolos.

A avaliação experimental foi efectuada por J. Perez em 2012 [38] para os formatos de modulação IM/DD OOK-NRZ, OOK-RZ e 4-PPM (quatro pulsos de modulação de posição) à taxa de dados de base Ethernet. Foi construída uma câmara atmosférica interior para reproduzir os efeitos atmosféricos exteriores (como o nevoeiro) e poder caraterizar e avaliar rapidamente o sistema FSO num ambiente controlado. Os resultados apresentados indicam que o esquema de sinalização 4-PPM é o mais robusto em relação à atenuação do nevoeiro devido ao seu elevado rácio entre a potência de pico e a potência média.

2.12.5- Desempenho do fotodetector

Em 2005, Kamran Kiasaleh caracterizou o desempenho de um sistema de comunicações FSO DD, APD em termos da taxa global de erro de bits [15]. O sistema proposto utilizou PPM e está sujeito a cintilação devido a turbulência ótica. Os resultados concluíram que o desempenho de

Os sistemas FSO são severamente afectados pela turbulência e deve ser utilizada uma média óptima de ganho APD para evitar um ruído APD excessivo no recetor.

2.12.6- Análise do sistema FSO

Em 2003, Shlomi Arnon analisou o orçamento de ligação dos sistemas FSO [39]. Foram avaliados os efeitos da oscilação dos edifícios, o ganho geométrico dos transmissores, a eficiência ótica dos transmissores, a perda de trajetória no espaço livre, os ângulos de divergência e os factores de perda de apontamento. Foi apresentado um modelo matemático para minimizar a potência do transmissor e otimizar o ganho do transmissor (ângulo de divergência) em função das estatísticas de oscilação do edifício, dos parâmetros do sistema de comunicação e da probabilidade de erro de bits (BEP) necessária. Os resultados mostraram que o modelo pode reduzir a potência necessária em mais de 4 dB em comparação com um sistema com metade e o dobro do ângulo ótimo de divergência do feixe para uma BEP de 10^{-9}.

Em 2008, Harilaos G. Sandalidis [9] avaliou o desempenho da taxa de erro das ligações ópticas no espaço livre (FSO) em canais com forte desvanecimento por turbulência, juntamente com efeitos de erro de apontamento. Foi apresentada uma nova expressão em forma fechada para a distribuição de um modelo de canal FSO estocástico que tem em conta tanto o desvanecimento induzido pela turbulência atmosférica como o desvanecimento induzido pelo desalinhamento. A taxa média de erro de bits na forma fechada de um sistema FSO IM/DD em funcionamento é considerada neste ambiente de canal, assumindo IM/DD com OOK. Os resultados concluíram que o projetista de sistemas ópticos sem fios deve ter em consideração os dois factores dominantes que afectam o desempenho das comunicações ópticas sem fios: a turbulência atmosférica e a oscilação dos edifícios.

A disponibilidade dos sistemas FSO em função das condições meteorológicas e dos parâmetros da ligação FSO, como a potência ótica transmitida, a divergência do feixe, a sensibilidade do recetor ou a distância do percurso da ligação, foi analisada por Ales Prokes em 2009 [40]. Foi considerada a perda de potência causada pela turbulência, utilizando a teoria da cintilação de Rytov. Além disso, a atenuação devida à dispersão, que pode ser expressa em função da distância da ligação, do comprimento de onda e da visibilidade meteorológica, foi calculada a partir de dados de visibilidade recolhidos em vários aeroportos da Europa. Os resultados mostraram que a perda de potência causada pela turbulência reduz a disponibilidade da ligação apenas no caso de distâncias de ligação relativamente longas. Assim, o FSO concebido para uma disponibilidade relativamente elevada numa zona continental típica da Europa não pode ser afetado pela turbulência. O efeito de cintilação foi significativamente reduzido com o aumento da abertura do recetor.

Abdulfatah A. G. Abushagur avaliou o desempenho do sistema FSO em 2011 [41]. Foram investigados os efeitos da dispersão e absorção atmosféricas, o ganho geométrico dos emissores-receptores, a eficiência ótica dos emissores-receptores, o efeito de divergência do feixe e os erros de apontamento. Os resultados concluíram que, para obter uma BER de 10^{-9} a uma visibilidade de 1,9 km, é necessária uma penalização de potência de 13,2 dB para o canal atmosférico em condições de nevoeiro, ao passo que para o canal atmosférico em condições de chuva a uma taxa de precipitação de 25 mm/h, é induzida uma penalização de potência de 18 dB. Para o canal atmosférico em condições de nevoeiro, a visibilidade pode atingir 1,1 km e induz uma penalização de potência de 25 dB para manter a BER de 10^{-9} . Quando se considera o erro de apontamento, o sistema sofrerá uma penalização adicional de potência mais elevada como consequência.

Capítulo 3: Modelo e especificações do sistema FSO

3.1 - Introdução

Neste capítulo, é discutido o modelo matemático para a ligação FSO. Na Sec. 3.2, o modelo matemático descreve o efeito da dispersão devido a diferentes condições climatéricas. A análise do orçamento da ligação é apresentada na Sec. 3.3. Na secção 3.4, é apresentada uma representação matemática para os cálculos de ruído e BER. A secção 3.5 analisa o efeito da turbulência atmosférica na transmissão de sinais ópticos. As especificações e os parâmetros da ligação FSO são apresentados na secção 3.6.

3.2 - Atenuação atmosférica

Um dos desafios do canal FSO que pode levar à perda de sinal e à falha da ligação é a atenuação atmosférica [19]. Os fenómenos de dispersão e turbulência afectam fortemente a potência do sinal transmitido [10, 14]. A dispersão de Rayleigh, a dispersão de Mie e a dispersão geométrica são os tipos de dispersão que estão relacionados com o tamanho das partículas na atmosfera e com o comprimento de onda do sinal transmitido de uma ligação FSO [10, 11].

A atenuação atmosférica devido à dispersão é modelada para diferentes condições meteorológicas e tamanhos de partículas. Kim [10, 11], Kruse [11, 12] e Al-Naboulsi [12, 20] são alguns dos modelos famosos que apresentam o efeito da dispersão no feixe transmitido num canal FSO. A lei de Beers-Lambert representa a relação entre a potência do sinal transmitido e o sinal recebido na presença de atenuação atmosférica [10].

Se P_T e P_R são a potência transmitida e a potência recebida, $\boldsymbol{\alpha}$ é o coeficiente de atenuação atmosférica e Z é o alcance da ligação, então

$$P_R = P_T \exp(-\alpha Z) \tag{3.1}$$

O coeficiente de atenuação atmosférica, α, depende do tipo de dispersão, do comprimento de onda do sinal, do tamanho das partículas da atmosfera e da visibilidade da ligação [10]. Na ligação, introduzimos o coeficiente de atenuação atmosférica, α, calculado através do modelo de Kim [10, 11]

$$\alpha = 3.91/V\,(\lambda/550nm)^{-q} \tag{3.2}$$

V é a visibilidade e $\boldsymbol{q}$ é a distribuição do tamanho das partículas de dispersão. A atenuação do sinal transmitido pode ser estimada a partir do modelo anterior para várias condições meteorológicas [10, 11] utilizando

$$q = 1.6 \quad \text{for visibility } (V > 50 \text{ km})$$

$$= 1.3 \quad \text{for visibility } (6 \text{ km} < V < 5\text{km})$$

$$= 0.16\, V + 0.34 \quad \text{for visibility } (1 \text{ km} < V < 6 \text{ km}) \tag{3.3}$$

$$= V - 0.5 \quad \text{for visibility } (0.5 \text{ km} < V < 1 \text{ km})$$

$$= 0 \quad \text{for visibility } (V < 0.5 \text{ km})$$

3.3 - Ligação Orçamento

A atenuação atmosférica, a perda de percurso no espaço livre, o ganho do emissor e do recetor, os tipos de detectores, as eficiências e os factores de perda de apontamento são considerados os principais factores que afectam fortemente os cálculos do orçamento da ligação. A fórmula de transmissão de Friis introduz o modelo de orçamento de ligação [6], [7] por

$$P_R = P_T\, \eta_T\, \eta_R\, (\lambda/4\pi z)^2\, G_T\, G_R\, L_T\, L_R\, exp(-\,\alpha\, Z) \tag{3.4}$$

A perda de percurso no espaço livre [6, 7] é representada pelo fator $(\lambda/4\pi z)^2$ .onde λ é o comprimento de onda do sinal, η_T e η_R são as eficiências do transmissor e do recetor, G_T e G_R são os ganhos do transmissor e do recetor. Quando se assume que o transmissor é uniformemente iluminado a partir de uma abertura circular, a secção transversal do feixe de saída é considerada um feixe gaussiano e a antena do recetor é uma abertura circular [6, 7]. As expressões de ganho do transmissor e do recetor são dadas [6, 7] por

$$G_T = (\pi D_T/\lambda)^2 \tag{3.5}$$

$$G_T = (\pi D_T/\lambda)^2 \tag{3.6}$$

em que D_T e D_R são os diâmetros das aberturas do emissor e do recetor. Assumindo um feixe gaussiano, os factores de perda de apontamento do emissor e do recetor são, respetivamente, L_T e L_R [6, 7]

$$L_T = \exp(-\, G_T\, (\theta_T)^2) \tag{3.7}$$

$$L_R = \exp(-\, G_R\, (\theta_R)^2) \tag{3.8}$$

em que θ_T e θ_R são os erros de apontamento do emissor e do recetor

3.4 - Modelo de ruído e avaliação da BER

A potência do sinal ótico na extremidade recetora, P_R, é convertida em corrente eléctrica através dos fotodetectores (APD-PIN) [29].

O ruído térmico, o ruído de disparo e o ruído de fundo são os principais mecanismos de ruído que conduzem a flutuações de corrente e a uma deteção não precisa dos bits [6],[7],[29]. Apenas o efeito do ruído térmico é considerado na análise da ligação proposta. A corrente total I é constituída por dois componentes I_p e i_T .

$$I = I_P + i_T \tag{3.9}$$

I_P é a corrente média sem efeito de ruído. R e P_R são, respetivamente, a capacidade de resposta e a potência recebida, em que

$$I_p = R\, P_R \tag{3.10}$$

i_T é a flutuação de corrente do ruído térmico que é modelada como um processo aleatório gaussiano estacionário com variância σ_T^2 [29]

$$\sigma_T{}^2 = (4kT/R_L)\Delta f \tag{3.11}$$

k é a constante de Boltzmann, T é a temperatura absoluta, R_L é a resistência de carga do recetor e Δf é a largura de banda efectiva do ruído. A variância total das flutuações de corrente σ é [29]

$$\Delta I = I - I_P \tag{3.12}$$

$$\sigma^2 = \sigma_T{}^2 \tag{3.13}$$

O BER é um critério para avaliar o desempenho de um sistema digital, onde é a probabilidade de decisão não precisa para o fluxo de bits recebido. Como P(0/1) é a probabilidade de decidir 0 quando 1 é recebido e P(1/0) é a probabilidade de decidir 1 quando 0 é recebido, então

$$BER = \frac{1}{2}\,[P(0/1) + P(1/0)\,] \tag{3.14}$$

A expressão BER para APD e PIN é derivada do seguinte modo para Q > 3 [29]:

$$BER = \frac{1}{2}\, erfc\left(\frac{Q}{\sqrt{2}}\right) \approx \frac{exp(-\,Q^2/2)}{Q\sqrt{2\pi}} \tag{3.15}$$

$$Q = \frac{I_1 - I_0}{\sigma_1 + \sigma_0} \tag{3.16}$$

I_1 e I_0 são a corrente média para 1 e 0 bits, respetivamente. σ_1^2 e σ_0^2 são as variâncias de igual valor.

3.5 - Turbulência atmosférica

Existem muitos modelos matemáticos que representam o efeito das flutuações da irradiância que surgem através de fenómenos atmosféricos de turbulência. Os modelos matemáticos mais conhecidos são o log normal, o exponencial negativo e o modelo gama-gama.

Nesta secção, será apresentado o modelo matemático gama-gama, uma vez que abrange todos os regimes de turbulência (fraca, moderada e forte) [22]. No modelo gama-gama, considera-se que a flutuação da radiação luminosa que se propaga numa atmosfera turbulenta consiste em efeitos de grande escala (refração) e efeitos de pequena escala (dispersão). As flutuações de grande escala são causadas por turbilhões maiores do que a primeira zona de Fresnel, enquanto as flutuações de pequena escala são causadas por turbilhões menores do que a primeira zona de Fresnel. Assume-se que os remoinhos de pequena escala são modulados por remoinhos de grande escala. A *irradiância* recebida é definida como um produto de dois processos aleatórios estatisticamente independentes I_x e I_y, em que I_x e I_y resultam de turbilhões de grande e pequena escala, respetivamente. Assumindo que tanto os efeitos de grande escala como os de pequena escala são representados pela distribuição gama [13, 22], então

$$I_t = I_x I_y \tag{3.17}$$

O modelo gama-gama para a pdf da flutuação da irradiância recebida, que se baseia no pressuposto de que tanto os efeitos de grande como de pequena escala são regidos pela distribuição gama, é assim derivado como [13, 22]

$$p(I_t) = \frac{2(\gamma\beta)^{(\gamma+\beta)/2}}{\Gamma(\gamma)\Gamma(\beta)} I_t^{\left(\frac{\gamma+\beta}{2}\right)-1} K_{\gamma-\beta}\left(2\sqrt{\gamma\beta I_t}\right) \quad I_t > 0 \tag{3.18}$$

$$\gamma = \left[\exp\left(\frac{0.49\,\sigma_r^{\,2}}{(1 + 1.11\,\sigma_r^{\,12/5})^{7/6}}\right) - 1\right] \tag{3.19}$$

$$\beta = \left[\exp\left(\frac{0.51\,\sigma_r^{\,2}}{(1 + 0.69\,\sigma_r^{\,12/5})^{5/6}}\right) - 1\right] \tag{3.20}$$

em que Γ (...) é a função gama e K_γ $-\beta$(...) é a função de Bessel modificada de segundo tipo. $1/\gamma$ e $1/\beta$ são as variâncias dos remoinhos de grande e pequena escala, respetivamente, se a radiação ótica for assumida como uma onda plana. σ_r^2 é a variância de rytov que é dada por [13, 22]

$$\sigma_r^{\,2} = 1.23\, c_n^{\,2} K^{7/6} Z^{11/6} \tag{3.21}$$

em que c_n^2 é o parâmetro do índice de refração atmosférica, Z é a distância da ligação e K é o número de onda ótica dado pela seguinte equação.

$$K = 2\pi/\lambda \tag{3.22}$$

Em que λ é o comprimento de onda de transmissão.

3.6 - Especificações e parâmetros da ligação FSO

Nesta secção, apresentamos na Tabela 3.1 os parâmetros FSO importantes que formulam a ligação concebida e que se mantêm constantes durante toda a análise que se segue. Estes valores são escolhidos para satisfazer as ligações FSO práticas mais recentes e são fornecidos por vários fornecedores de FSO [31-33]. Outras especificações e parâmetros mencionados na secção 1 são escolhidos dos fornecedores de FSO para apoiar a análise de desempenho que se segue [42, 43].

Para o transmissor, é utilizado um gerador de bits pseudo-aleatórios para gerar um fluxo de bits aleatórios a transmitir e, em seguida, são utilizados geradores de impulsos NRZ-RZ como moduladores de sinal. A potência de transmissão para NRZ-RZ mencionada na Tabela 3.1 está na gama prática dos fornecedores de FSO [31]-[33]. A diferença entre a potência transmitida NRZ e RZ deve-se ao facto de a intensidade da saída de um laser variar de acordo com o formato dos dados modulados e de a potência RZ ser inferior à potência NRZ, como se sabe nas comunicações digitais [44, 45].

Tabela 3.1: Especificações e parâmetros da ligação FSO

Parâmetro	Símbolo		Valor
Taxa de transmissão	Taxa de bits		1,25 Gbps
Distância da ligação	Z		1 km
Potência ótica transmitida	P_T	NRZ	22,6 dBm
		RZ	20,7 dBm
Aberturas do transmissor e do recetor	D_T, D_R		10 cm
Eficiência ótica do transmissor e do recetor	$\eta T\ \eta R$		0.75-0.8
Resposta APD	R		0,8-52 A/W
Resposta do PIN	R		0,55-0,85 A/W
Resistência à carga	R_L		100 Ω
Frequência de corte do filtro passa-baixo (no recetor)	-		0,75 x Taxa de bits

A técnica NRZ-RZ Gaussian BER é utilizada na estimativa da BER na análise da ligação [29]. O limiar de potência e a sensibilidade do recetor situam-se entre -30 dBm para o PIN e -40 dBm para o APD [17, 31, 40]. Existem diferentes tipos de ruído que afectam os níveis de BER da ligação FSO, como o ruído térmico e o ruído de disparo. Neste trabalho, apenas o ruído térmico é considerado [6, 7, 29].

Capítulo 4: Resultados e discussão

4.1 - Introdução

Neste capítulo, é projetado e avaliado um sistema FSO. Na Sec. 4.2, o sistema é avaliado para diferentes técnicas de modulação (NRZ-RZ), dois tipos de receptores (APD-PIN) e diferentes comprimentos de onda de funcionamento sob o efeito de várias condições meteorológicas (ar limpo - nevoeiro) na presença de erro de apontamento. Este estudo também considerou o efeito da perda de trajetória no espaço livre. A ligação é avaliada através da investigação do erro de apontamento máximo admissível, a fim de manter a potência do sinal e a BER em níveis práticos aceitáveis.

Na secção 4.3, é considerado um fenómeno ambiental adicional (turbulência) para o mesmo sistema proposto. A análise apresenta uma investigação do desempenho da ligação sob dois fenómenos ambientais (dispersão e turbulência) de forma independente e conjunta. A avaliação do sistema é feita com o código de linha optimizado (NRZ) e o tipo de recetor (APD) resultantes das discussões da secção 4.2. Os comprimentos de onda mais fiáveis (850 nm e 1550 nm) para ligações FSO práticas são utilizados e comparados através da avaliação do desempenho.

Na secção 4.4, é apresentada uma conclusão sobre o desempenho do sistema para configurações de sistemas anteriores.

4.2 - Avaliação do Desempenho do Enlace FSO sob Códigos de Linha NRZ-RZ, Atenuação Atmosférica e Tipos de Receptores na Presença de Erros de Apontamento.

4.2.1 - Introdução

A ligação FSO proposta é ilustrada na Fig. 4.1. O desempenho da ligação é avaliado para códigos de linha de modulação (NRZ-RZ) e comprimentos de onda (785 nm, 850 nm e 1550 nm). Isto é modelado no diagrama de blocos do transmissor. A ligação concebida é avaliada em diferentes condições climatéricas na presença de perda de trajetória no espaço livre. Finalmente, são utilizados fotodetectores APD e PIN para testar o desempenho da ligação proposta. Os analisadores de espetro ótico, os medidores de potência ótica e o analisador BER são utilizados para determinar os níveis de potência do sinal transmitido-recebido e o BER do sistema.

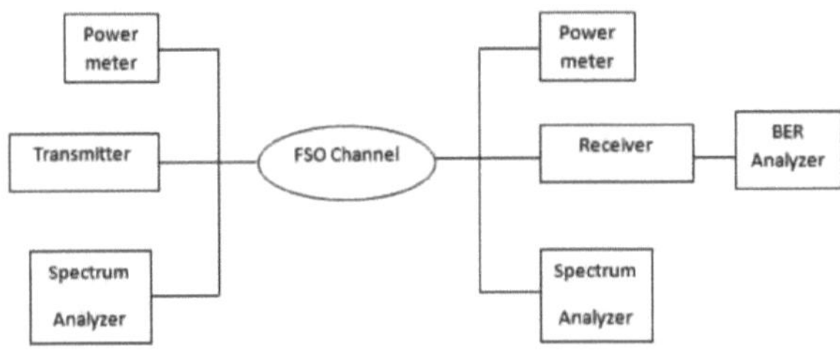

Figura 4.1: Estrutura da ligação FSO.

Optisystem 10.0 da optiwave Inc. é utilizado para construir a ligação FSO apresentada e para a análise da ligação. O Matlab 2008 é utilizado nos cálculos dos factores de perda atmosférica e os factores de perda são introduzidos na ligação construída no Optisystem.

Os resultados obtidos serão discutidos da seguinte forma: o efeito de várias condições atmosféricas na potência do sinal em diferentes comprimentos de onda é apresentado na secção 4.2.2. O desempenho da ligação FSO com diferentes comprimentos de onda e especificações de ligação é discutido nas Secções 4.2.3, 4.2.4 e 4.2.5. Na Sec. 4.2.6, é apresentada uma avaliação exaustiva do desempenho do sistema FSO proposto.

4.2.2 - Efeito das condições atmosféricas

As condições atmosféricas têm um efeito notável no desempenho das ligações FSO. O efeito das diferentes condições meteorológicas está relacionado com a distribuição do tamanho das partículas de dispersão q e a visibilidade V. Os efeitos nos níveis de potência do sinal devido à dependência anterior e aos comprimentos de onda de funcionamento são apresentados na Fig. 4.2.

Em condições de ar limpo e de grande visibilidade ($V = 23$ km), o efeito da atmosfera nos níveis de potência do sinal é quase negligenciável para todos os comprimentos de onda estudados. A situação altera-se em condições de neblina e nevoeiro. Para a neblina ($V = 2$ km), a visibilidade começa a diminuir e o efeito das partículas dispersas aparece. Como mostra a Fig. 4.2, o efeito da neblina na potência do sinal varia consoante os diferentes comprimentos de onda, sendo a maior atenuação observada em 785 nm. Os resultados obtidos aplicam o modelo de Kim apresentado no Capítulo 3 [10].

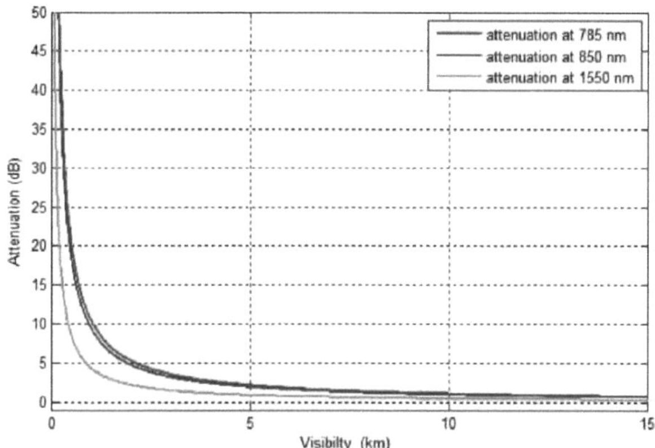

Figura 4.2: Atenuação atmosférica Vs visibilidade em diferentes condições meteorológicas para vários comprimentos de onda.

Em caso de nevoeiro ligeiro ($V = 0,8$ km) e moderado ($V = 0,6$ km), o comprimento de onda de 1550 nm é o que regista menores níveis de atenuação. A baixas visibilidades, onde o nevoeiro intenso ($V < 0,5$ km), os níveis de atenuação aumentam rapidamente em todos os vários comprimentos de onda [10], [11]. A Tabela 4.1 resume os resultados obtidos na Fig. 4.2 e será utilizada em todas as análises de ligações seguintes.

Tabela 4.1 Atenuação atmosférica em diferentes condições meteorológicas para vários comprimentos de onda

Condições climatéricas	**Visibilidade (km)**	**λ = 785 nm Atenuação (dB/km)**	**λ = 850 nm Atenuação (dB/km)**	**λ = 1550 nm Atenuação (dB/km)**
Ar puro	23	0.5	0.4	0.1
Névoa	2	6.7	6.4	4.2
Nevoeiro ligeiro	0.8	19.1	18.6	15.5
Nevoeiro moderado	0.6	27.3	27	25.5

4.2.3 - Análise de desempenho para ligação FSO em funcionamento a 785nm

A avaliação do desempenho da ligação proposta a 785 nm com códigos de linha NRZ-RZ e receptores APD-PIN em várias condições meteorológicas é analisada nesta secção. A análise é efectuada e resumida na Tabela 4.2, que mostra o erro de apontamento máximo avaliado para a ligação concebida, com o objetivo de obter um BER < 10^{-9} . Nesta secção e nas seguintes, para dar uma visão clara do desempenho do sistema da ligação FSO, será analisada uma condição meteorológica específica com um comprimento de onda operacional, sob os tipos de técnicas de modulação e de receptores propostos. Nesta secção, será estudado o ar limpo com 785 nm.

Tabela 4.2 Erros máximos de apontamento e potência do sinal recebido em diferentes condições meteorológicas para códigos de linha NRZ-RZ e receptores APD-PIN, λ = 785nm

Técnica de modulação	**NRZ**				**RZ**			
Tipo de recetor	**APD**		**PIN**		**APD**		**PIN**	
	Erro de apontamento máximo (μrad)	Potência recebida (dBm)	Erro de apontamento máximo (μrad)	Potência recebida (dBm)	Erro de apontamento máximo (μrad)	Potência recebida (dBm)	Erro de apontamento máximo (μrad)	Potência recebida (dBm)
Ar puro	7.55	-39.09	7.15	-31.19	7.55	-41.02	7.15	-33.12
Névoa	7.25	-39.12	6.85	-31.55	7.25	-41.04	6.85	-33.48
Nevoeiro ligeiro	6.65	-39.91	6.15	-32.29	6.6	-40.92	6.15	-33.22
Nevoeiro moderado	6.15	-39.21	5.65	-31.28	6.15	-41.14	5.65	-33.21

Para ar limpo com um recetor APD, o erro de apontamento máximo para NRZ-APD é de 7,55 μrad, o mesmo que para RZ-APD. O nível de erro de apontamento idêntico anterior é quase comum (em comportamento) para todas as condições climatéricas, mas o caso do sinal RZ-APD é mais atenuado do que o NRZ-APD. A análise da BER para ar limpo, com o mesmo erro de apontamento máximo, o caso NRZ-APD atinge uma BER de 10^{-14} e o caso RZ-APD atinge uma BER de 10^{-11} . Como conclusão, para qualquer condição meteorológica a 785 nm com um recetor APD, o código de linha NRZ consegue um melhor desempenho do que o RZ, proporcionando um nível mais elevado de sinal recebido e um melhor nível de BER.

Para ar limpo com um recetor PIN, NRZ-PIN e RZ-PIN têm o mesmo erro de apontamento máximo de 7,15 μrad (comum no comportamento para todas as condições meteorológicas). O NRZ-PIN está exposto a uma menor atenuação do que o RZ-PIN, sendo alcançados 10^{-13} BER para o NRZ-PIN e 10^{-11} para o RZ-PIN. Conclusão semelhante (como no caso do recetor APD) pode ser efectuada para quaisquer condições meteorológicas a 750 nm, mostrando que o NRZ é melhor do que o RZ.

A análise desta secção mostra que o recetor APD permite um erro de apontamento maior do que o PIN. Este facto deve-se principalmente à maior gama de níveis de potência recebida possível do APD, em resultado das suas especificações físicas (corrente escura, capacidade de resposta, ganho e ruído térmico [42, 43]).

medida que as condições meteorológicas pioram, o fator de perda da atenuação atmosférica aumenta. Este facto reflecte-se no erro de apontamento máximo admissível, a fim de manter a BER inferior a 10 9

Para uma justificação clara, a Fig. 4.3, (a) e (b), mostra o sinal de entrada no transmissor do sistema proposto para códigos de linha NRZ e RZ, respetivamente, a 785 nm. Estes sinais transmitidos são utilizados com o mesmo nível de potência mencionado na Tabela 4.1 para todas as secções seguintes, mudando apenas o comprimento de onda de funcionamento. O caso NRZ-APD apresenta o melhor desempenho, enquanto o caso RZ- PIN apresenta o pior desempenho na ligação de 785 nm em ar puro.

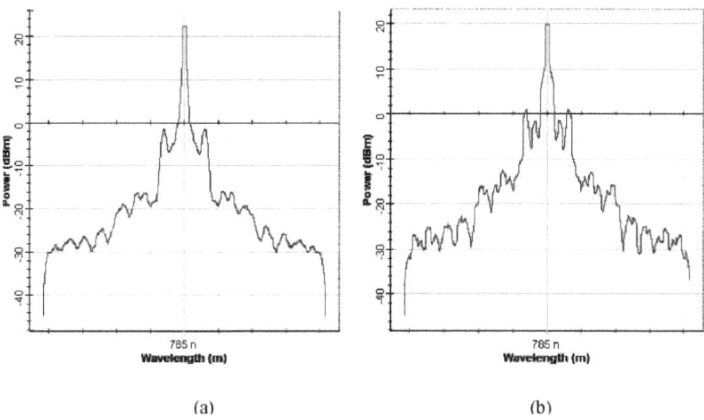

Figura 4.3: Sinal transmitido Vs comprimento de onda a λ= 785 nm (a) NRZ (b) RZ.

A potência do sinal recebido em função do comprimento de onda para NRZ-APD e RZ-PIN é apresentada na Figura 4.4 (a) e (b).

Embora o NRZ tenha sido lançado na atmosfera com maior potência do que o RZ (pelas razões mencionadas na secção 2.6), isso reflectiu-se na potência máxima recebida e no erro de apontamento máximo permitido. Os resultados da simulação mostram que o ruído térmico no modelo APD e PIN introduzido no Capítulo 3 tem efeitos menores na potência recebida no APD e no PIN, o que indica que devem ser tidos em conta modelos de ruído mais complexos para lidar com o APD e o PIN.

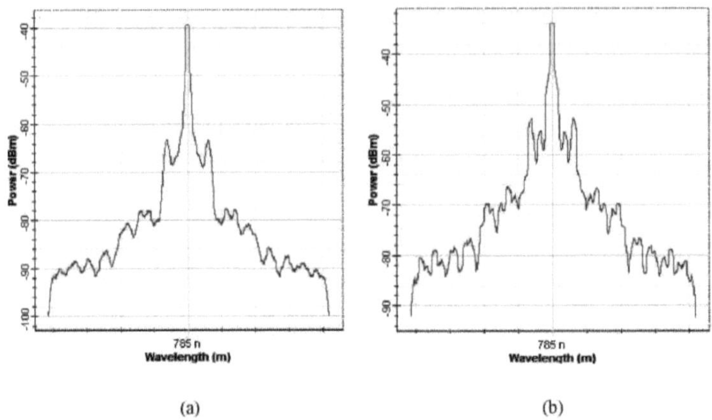

(a) (b)

Figura 4.4: Potência recebida Vs comprimento de onda na presença de ar puro a λ= 785 nm (a) NRZ-APD (b) RZ-PIN

4.2.4 - Análise do desempenho de uma ligação FSO em funcionamento a 850 nm

A avaliação do desempenho da ligação proposta a 850 nm com códigos de linha NRZ-RZ e receptores APD-PIN em várias condições meteorológicas é analisada nesta secção. A Tabela 4.3 mostra o erro de apontamento máximo avaliado para a ligação projectada, com o objetivo de obter um BER < 10 .$^{-9}$

Tabela 4.3 Erros máximos de apontamento e potência do sinal recebido em diferentes condições meteorológicas para códigos de linha NRZ-RZ e receptores APD-PIN, λ = 850nm

Técnica de modulação	**NRZ**				**RZ**			
Tipo de recetor	**APD**		**PIN**		**APD**		**PIN**	
	Erro de apontamento máximo (µrad)	Potência recebida (dBm)	Erro de apontamento máximo (µrad)	Potência recebida (dBm)	Erro de apontamento máximo (µrad)	Potência recebida (dBm)	Erro de apontamento máximo (µrad)	Potência recebida (dBm)
Ar puro	8.4	-44.39	7.75	-31.93	8.35	-45.32	7.7	-32.94
Névoa	8.05	-43.55	7.40	-31.64	8.05	-45.48	7.35	-32.69
Nevoeiro ligeiro	7.40	-43.84	6.65	-31.34	7.35	-44.89	6.6	-32.47
Nevoeiro moderado	6.95	-43.76	6.1	-31.42	6.9	-45.68	6.05	-32.62

Nesta secção, analisa-se o desempenho da ligação de 850 nm na presença de neblina. Tal como na secção anterior, o comportamento da ligação concebida para a condição meteorológica escolhida (neblina nesta secção) é semelhante para as restantes condições meteorológicas.

No recetor de neblina e APD, o erro de apontamento máximo para NRZ-APD e RZ-APD é de 8,05 µrad. Observa-se um erro de apontamento máximo semelhante tanto para NRZ-APD como para RZ-APD. Este comportamento é partilhado em todas as condições meteorológicas, o que torna o NRZ-APD mais eficiente em termos energéticos. Para a neblina, observa-se 10^{-13} BER para NRZ-APD e 10^{-10} para RZ-APD. O NRZ-APD também é melhor nos cálculos de BER. Na neblina e no recetor PIN, 7,40 μrad é o erro de apontamento máximo para NRZ-PIN e 7,35 μrad para RZ-PIN. Os níveis de potência recebidos em todas as condições climatéricas mostram que o NRZ-PIN é melhor. A análise BER mostra que o NRZ-PIN atinge melhores níveis de BER para todas as condições climatéricas a 850 nm.

4.2.5 - Análise do desempenho da ligação FSO em funcionamento a 1550 nm

A análise efectuada nas duas secções anteriores é repetida na análise seguinte para 1550 nm. O objetivo é obter uma BER < 10^{-9} através do erro de apontamento máximo e da potência recebida indicados no quadro 4.4.

Tabela 4.4: Erros máximos de apontamento e potência do sinal recebido em diferentes condições meteorológicas para códigos de linha NRZ-RZ e receptores APD-PIN, λ = 1550 nm

Técnica de modulação	**NRZ**				**RZ**			
Tipo de recetor	**APD**		**PIN**		**APD**		**PIN**	
	Erro de apontamento máximo (μrad)	Potência recebida (dBm)	Erro de apontamento máximo (μrad)	Potência recebida (dBm)	Erro de apontamento máximo (μrad)	Potência recebida (dBm)	Erro de apontamento máximo (μrad)	Potência recebida (dBm)
Ar puro	14.55	-41.12	13.6	-31.58	14.4	-41.50	13.5	-32.54
Névoa	14.15	-41.13	13.2	-31.86	14	-41.55	13.1	-32.84
Nevoeiro ligeiro	12.95	-40.82	11.9	-31.51	12.85	-41.83	11.8	-32.59
Nevoeiro moderado	11.85	-41.09	10.7	-31.84	11.7	-41.75	10.6	-33

Nesta secção, é analisada a condição meteorológica de nevoeiro moderado para 1550 nm. Para os receptores APD na presença de nevoeiro moderado, o erro máximo de apontamento NRZ-APD é de 11,85 μrad, enquanto o erro máximo de apontamento RZ-APD é de 11,7 μrad. O sinal recebido RZ-APD é mais atenuado do que o NRZ-APD em todas as condições climatéricas. Para nevoeiro moderado, o NRZ-APD e o RZ-APD têm um nível de BER de 10 .$^{-10}$

A análise do desempenho do PIN mostra que, na presença de nevoeiro moderado, o erro de apontamento máximo para o NRZ-PIN e o RZ-PIN é de 10,7 μrad e 10,6 μrad, respetivamente. Em todas as condições climatéricas, os níveis de potência do sinal recebido NRZ-PIN são melhores do que RZ-PIN. Para nevoeiro moderado, NRZ-PIN e RZ-PIN atingem um BER de 10 .$^{-10}$

4.2.6 - Estudo global

A análise do desempenho da ligação FSO proposta em vários comprimentos de onda para diferentes condições climatéricas é avaliada. Nesta secção, com base na análise anterior para a seletividade do melhor desempenho das técnicas de modulação, são introduzidos o comprimento de onda de funcionamento e o tipo de recetor. As semelhanças e diferenças entre NRZ-APD e RZ-APD para diferentes comprimentos de onda são investigadas, comparando-se a tolerância ao erro de apontamento, a potência do sinal recebido e os níveis de BER.

Para 785 nm, o NRZ-APD e o RZ-APD apresentam uma diminuição gradual da margem de erro de apontamento à medida que as condições climatéricas se deterioram. Apesar de o NRZ-APD e o RZ-APD terem a mesma tolerância máxima de erro de apontamento, o NRZ-APD é mais eficiente em termos energéticos e atinge melhores níveis de BER do que o RZ-APD. Observa-se um desempenho aproximado com ligeiras alterações entre NRZ-APD e RZ-APD na tolerância máxima de erro de apontamento para o funcionamento do sistema de 850 nm em diferentes condições climatéricas. Considerando a potência do sinal recebido e os níveis de BER, o NRZ-APD é melhor do que o RZ-APD. No entanto, a tolerância ao erro de apontamento NRZ-APD a 850 nm é superior à NRZ-APD a 785 nm em diferentes condições climatéricas. A potência do sinal recebido para NRZ-APD a 785 nm é mais eficiente do que NRZ-APD a 850 nm em todas as condições climatéricas.

Para 1550 nm, a tolerância ao erro de apontamento NRZ-APD é superior à RZ-APD em diferentes condições climatéricas, o que corresponde aos resultados anteriores para as operações de ligação FSO em 785 nm e 850 nm. No entanto, a análise pormenorizada da potência do sinal recebido e dos níveis de BER mostra diferenças. A potência do sinal recebido para NRZ-APD é ligeiramente mais eficiente do que para RZ-APD, sendo os níveis de BER aproximadamente iguais. A tolerância ao erro de apontamento a 1550 nm mostra um melhor desempenho para NRZ-APD do que para RZ-APD.

Aqui, são apresentadas as semelhanças e diferenças entre NRZ-PIN e RZ-PIN. Para 785 nm, NRZ-PIN e RZ-PIN atingem a mesma tolerância de erro de apontamento em diferentes condições climatéricas. A potência do sinal recebido e o BER mostram um melhor desempenho para o NRZ-PIN em todas as condições climatéricas.

A análise mostra as seguintes diferenças entre as operações em 850 nm e 785 nm para NRZ- PIN e RZ-PIN. A margem de erro de apontamento para 850 nm apresenta ligeiras alterações, em vez de ser igual em 785 nm. Os níveis de BER para 850 nm são os mesmos em ar limpo e nevoeiro e são melhores em nevoeiro ligeiro e nevoeiro moderado. Apesar das operações em 785 nm, o NRZ-PIN é melhor do que o RZ-PIN em todas as condições climatéricas. A análise para 1550 nm, NRZ-PIN mostra um aumento notável na tolerância ao erro de apontamento em comparação com RZ-PIN em todas as condições climatéricas. Os níveis de BER para NRZ-PIN e RZ-PIN são os mesmos, embora a potência do sinal recebido por NRZ-PIN seja mais eficiente.

Por fim, com base na tolerância ao erro de apontamento observada, na potência do sinal recebido, na avaliação BER e nas especificações do sistema na secção 2.6, a operação NRZ-APD de 1550 nm obtém o melhor desempenho para a ligação FSO proposta. A escolha de 1550 nm como o comprimento de onda de funcionamento adequado para a ligação FSO proposta revela uma boa concordância com o modelo matemático. Este facto é evidente quando se observam os níveis de atenuação mencionados na Tabela 4.1.

Os receptores APD e PIN têm grandes diferenças nas estruturas físicas e no funcionamento. A análise apresentada para a ligação FSO indica que o APD é preferível para a comunicação FSO, tendo em conta os níveis de potência dos transmissores, os tipos de ruído e as especificações mais recentes dos fornecedores de FSO mencionadas na secção 2.6. Este resultado é concluído através do controlo do erro de apontamento.

4.3 - Efeitos de diferentes fenómenos meteorológicos (dispersão e turbulência) no desempenho da ligação FSO para NRZ-APD na presença de erros de apontamento em funcionamento a 850 nm e 1550 nm

4.3.1 - Introdução

Nesta secção, a mesma configuração do sistema indicada na Fig. 4.1 é utilizada na avaliação e discussão que se seguem. Em comparação com a secção 4.2, apenas 850 nm e 1550 nm são investigados, uma vez que o desempenho do sistema (apenas com dispersão) a 785 não foi promissor. A otimização do sistema realizada na Sec. 4.2 e a literatura anterior levaram a limitar a análise à configuração NRZ-APD. Por fim, o modelo do canal foi alargado para incluir o fenómeno da turbulência (módulo do canal de turbulência gama-gama) com a dispersão atmosférica de forma independente e conjunta.

As especificações e os parâmetros do código de linha do emissor (NRZ) e do recetor (APD) são idênticos aos da secção 3.6 (especificações do sistema). Os níveis de atenuação atmosférica com os comprimentos de onda correspondentes são extraídos da Tabela 4.1. Os parâmetros do índice de refração utilizados no módulo de turbulência e utilizados para identificar o nível de turbulência com a condição atmosférica correspondente são apresentados na Tabela 4.5 [17, 46]. Todas as especificações e valores dos parâmetros anteriores são introduzidos no Optisystem 10.0 para construir o sistema e prever o seu desempenho.

A secção 4.3.2 apresenta uma avaliação do desempenho para o funcionamento em 850 nm. O funcionamento do sistema em 1550 nm é apresentado na secção 4.3.3. Na secção 4.4 são apresentados comentários e observações sobre o desempenho do sistema proposto e o efeito da atenuação atmosférica (dispersão) com/sem fenómenos de turbulência.

Tabela 4.5: Parâmetro do índice de refração C_n^2 para diferentes níveis de turbulência [46]

Nível de turbulência	Parâmetro do índice de refração C_n^2 ($\times 10^{-13}$ cm ^)[23]
Turbulência fraca - Nevoeiro	0.05
Turbulência moderada - Névoa	0.5
Turbulência forte - Ar limpo	1

4.3.2 - Efeito da dispersão atmosférica e da turbulência no funcionamento a 850 nm

Nesta secção, o sistema proposto na figura 4.1 é testado para funcionamento a 850 nm. Os efeitos dos níveis de dispersão atmosférica (ar limpo - nevoeiro) juntamente com os regimes de turbulência (forte-moderado-fraco) são apresentados independentemente nas Figuras 4.5, 4.6 e 4.7.

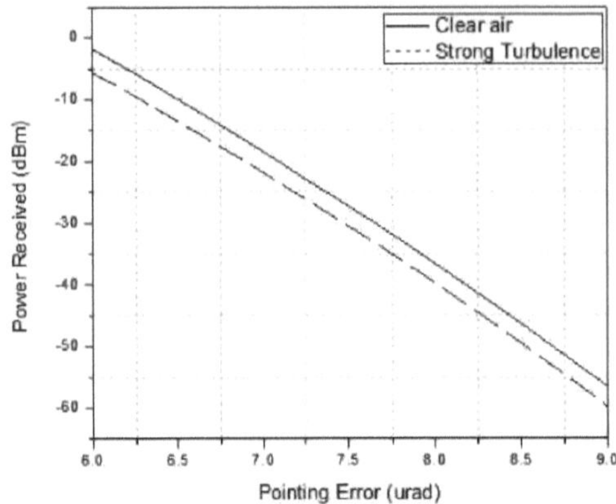

Figura 4.5: Erro de pontaria versus potência do sinal para 850 nm em ar limpo e forte turbulência.

A Figura 4.8 mostra o efeito destes factores em conjunto. Em todas as discussões que se seguem, o erro de apontamento máximo admissível é avaliado no limiar BER de 10^{-9} , que é muito adequado para a conceção de ligações FSO. Isto é feito para corresponder à contribuição do trabalho apresentado.

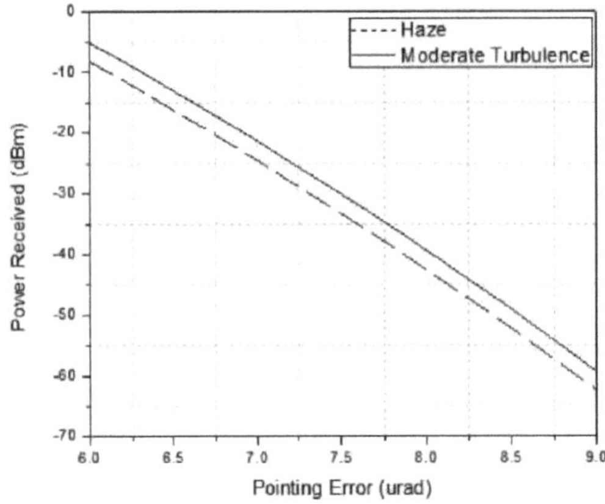

Figura 4.6: Erro de pontaria versus potência do sinal para 850 nm sob neblina e turbulência moderada.

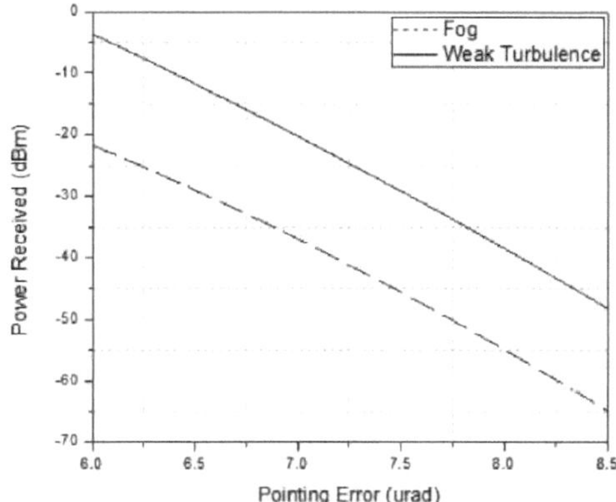

Figura: 4.7 Erro de apontamento versus potência do sinal para 850 nm sob nevoeiro e fraca turbulência.

Existe uma forte correlação inversa entre a força da turbulência e a atenuação atmosférica (dispersão), ou seja, é altamente improvável que ocorra forte turbulência durante o nevoeiro [17]. No entanto, não é obrigatório que os dois fenómenos ocorram em conjunto. Para explorar o efeito de cada fenómeno na ligação proposta e para dar um significado ao que será apresentado mais tarde quando se fundirem os seus efeitos, apresenta-se a seguinte discussão.

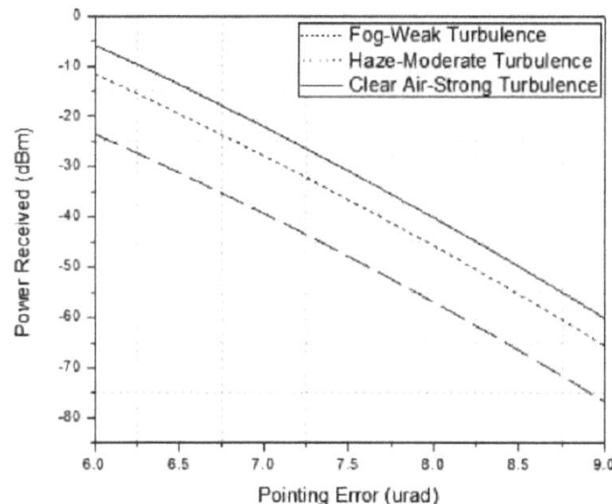

Figura 4.8: Erro de pontaria em função da potência do sinal para 850 nm em condições de turbulência forte em ar puro, turbulência moderada em nevoeiro e turbulência fraca em nevoeiro.

Na nossa análise, considera-se que, em condições de ar limpo, o nível de turbulência é forte, em condições de nebulosidade, o nível de turbulência é moderado e em condições de nevoeiro, pode ocorrer uma turbulência fraca.

A partir dos resultados apresentados, no caso de ar limpo, onde ocorre forte turbulência, a Fig. 4.5 mostra o desempenho da ligação FSO proposta sob os dois fenómenos (ar limpo - forte turbulência), independentemente. Observa-se claramente que, para um valor fixo de erro de apontamento, a degradação do sinal em caso de forte turbulência é maior do que em ar limpo. Para manter a BER do sistema na gama aceitável de 10^{-9} , o erro de apontamento máximo admissível em caso de forte turbulência para o transmissor e o recetor é de 8,05 µrad, enquanto o erro de apontamento máximo admissível em ar puro é de 8,2 µrad. Combinando a degradação do sinal e o erro de apontamento, pode concluir-se que a ligação tem um melhor desempenho em ar puro do que em caso de forte turbulência.

Em contraste com o caso apresentado na Fig. 4.5, o sinal recebido pela ligação é mais deteriorado no caso de neblina do que no caso de turbulência moderada, Fig. 4.6. Mais evidências podem ser observadas quando se examina o erro de apontamento máximo necessário para atingir 10^{-9} BER. Verifica-se que os valores são de 7,9 µrad e 8,05 µrad para o caso de neblina e turbulência moderada, respetivamente.

A Figura 4.7 mostra que, em caso de nevoeiro e de fraca turbulência, o nevoeiro tem o maior efeito no desempenho da ligação FSO. O erro de apontamento máximo admissível em caso de turbulência fraca é de 8,1 µrad e de 7,25 µrad em caso de nevoeiro.

Como observado anteriormente, para a avaliação do sistema sob fenómenos meteorológicos independentes, verifica-se que a turbulência forte tem uma maior influência do que o ar limpo, a neblina tem um efeito mais intenso do que a turbulência moderada e o nevoeiro tem um efeito mais grave do que a turbulência fraca.

A fim de avaliar o desempenho da ligação FSO sob fenómenos ambientais combinados, assume-se que a dispersão atmosférica e a turbulência ocorrem ao mesmo tempo. A figura 4.8 mostra o efeito do erro de apontamento na potência do sinal sob os fenómenos ambientais conjuntos considerados. No caso de ar limpo e forte turbulência, o erro de apontamento máximo admissível necessário para manter o nível aceitável de BER no sistema FSO é de 7,75 µrad. Para turbulência moderada por nevoeiro, 7,75 µrad é o erro de apontamento máximo e 7,1 µrad para turbulência fraca por nevoeiro. Os resultados mostram que, em conjunto, o efeito do nevoeiro e da fraca turbulência no desempenho da ligação FSO é o maior.

4.3.3 - Efeito da dispersão atmosférica e da turbulência no funcionamento a 1550 nm

Do mesmo modo, como mencionado na secção 4.3.2, nesta secção a avaliação do desempenho da ligação FSO é efectuada para 1550 nm. As figuras 4.9, 4.10 e 4.11 representam a avaliação do desempenho independente para a dispersão-turbulência. A figura 4.12 representa o efeito conjunto dos dois fenómenos. Todos os valores são função do erro de apontamento e da potência do sinal recebido.

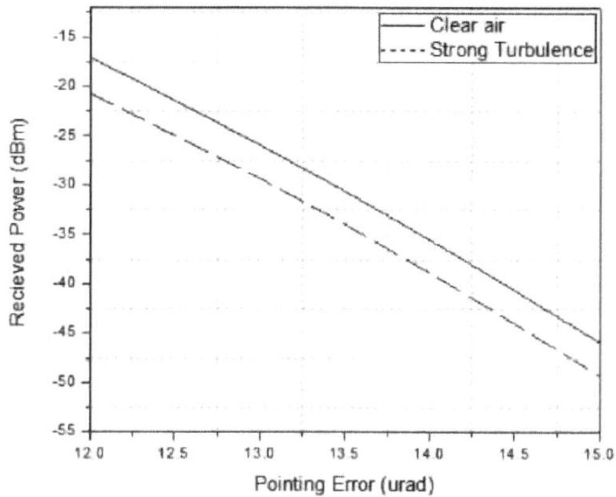

Figura 4.9: Erro de pontaria em função da potência do sinal para 1550 nm em ar puro e forte turbulência

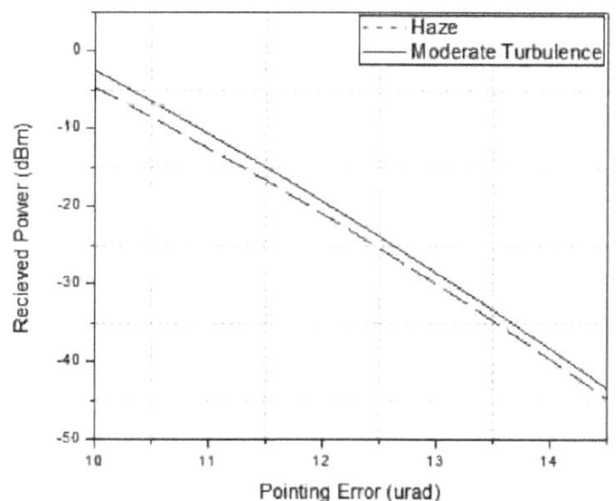

Figura 4.10: Erro de pontaria versus potência do sinal para 1550 nm sob neblina e turbulência moderada.

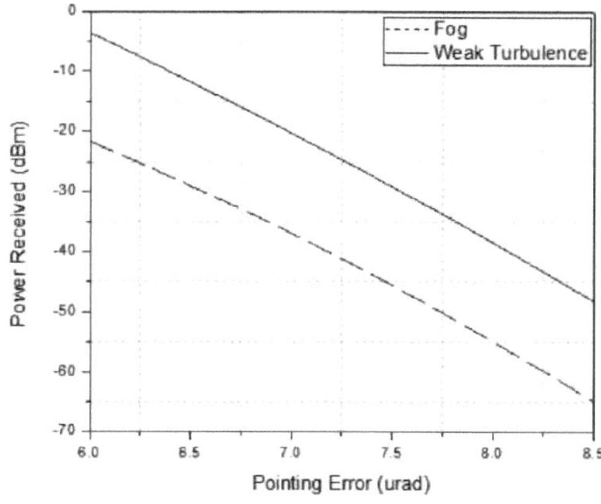

Figura 4.11: Erro de apontamento versus potência do sinal para 1550 nm sob nevoeiro e fraca turbulência.

Mais uma vez, o ar limpo com forte turbulência, a neblina com turbulência moderada e o nevoeiro com fraca turbulência são as configurações em discussão. Finalmente, entre todas as discussões que se seguem, o erro de apontamento máximo admissível é avaliado num limiar de BER de 10^{-9} que é muito adequado para a conceção de ligações FSO.

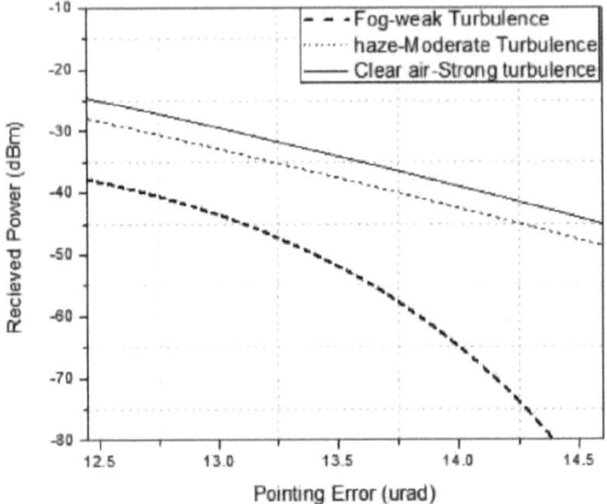

Figura 4.12: Erro de pontaria em função da potência do sinal para 1550 nm em condições de turbulência forte em ar puro, turbulência moderada em nevoeiro e turbulência fraca em nevoeiro.

A figura 4.9 mostra o erro de apontamento versus a potência do sinal para ar limpo e forte turbulência, independentemente. O erro de apontamento máximo admissível no caso de ar puro é de 14,5 µrad e de 14,2 µrad na presença de forte turbulência. No que respeita à potência dos sinais recebidos, o ar limpo apresenta melhores níveis de potência recebida do que a forte turbulência. Esta observação, juntamente com a do erro de apontamento, indica um melhor desempenho da ligação FSO em caso de ar limpo.

No caso de neblina e turbulência moderada, o erro de apontamento máximo é de 14,1 µrad e 14,25 µrad, respetivamente, como se mostra na Fig. 4.10. A turbulência moderada permite obter melhores níveis de potência recebida.

O erro máximo de apontamento no ambiente de nevoeiro e fraca turbulência é de 12,9 µrad para o nevoeiro e de 14,35 µrad para a fraca turbulência. Observando a Fig. 4.11, conclui-se que os níveis de potência recebidos para a turbulência fraca são muito melhores do que para o nevoeiro.

A análise anterior avaliou o desempenho da ligação para 1550 nm sob diferentes fenómenos ambientais de forma independente. A figura 4.12 apresenta o nível de potência do sinal versus o erro de apontamento para fenómenos combinados.

No caso de turbulência forte em ar limpo, o erro de apontamento máximo admissível necessário para manter a BER no nível aceitável do sistema FSO é de 14,2 µrad. Para a turbulência nevoeiro-moderada, 13,8 µrad é o erro de apontamento máximo e 12,75 µrad para a turbulência nevoeiro-fraca. Os resultados mostram que a combinação de nevoeiro e fraca turbulência afecta muito mais o desempenho da ligação FSO do que qualquer um dos fenómenos meteorológicos alternativos conjuntos.

4.3.4 - Estudo exaustivo do desempenho de 850 nm e 1550 nm sob diferentes fenómenos meteorológicos (dispersão atmosférica e turbulência)

Nesta secção, é apresentada uma comparação entre as diferentes condições do canal FSO e os comprimentos de onda abordados nas secções 4.2 e 4.3. A comparação começa por comparar diferentes fenómenos de desgaste da operação num comprimento de onda específico e, em seguida, é comparado o desempenho do sistema com os dois comprimentos de onda.

Para 850 nm, a ligação FSO é simulada sob diferentes fenómenos, independentemente e em conjunto. Os resultados mostram que, se se considerar que a ligação funciona apenas sob um fenómeno, a ligação tem um melhor desempenho (ou seja, maior potência recebida para um erro de apontamento fixo) ou (ou seja, maior erro de apontamento com potência recebida fixa - BER fixo) na presença de qualquer tipo de turbulência do que em qualquer tipo de condições atmosféricas, exceto ar puro.

O desempenho ótimo do sistema é observado com ar limpo, em que o apontamento máximo necessário para atingir o objetivo de BER de 10^{-9} é de 8,2 μrad. Observa-se uma degradação notável do sistema com nevoeiro e um erro de apontamento máximo de 7,25 μrad para o mesmo nível de BER.

A combinação de diferentes fenómenos meteorológicos (ar limpo - turbulência forte, neblina - turbulência moderada, nevoeiro - turbulência fraca) mostra que a ligação apresentou o melhor desempenho observado na presença de ar limpo - turbulência forte, em que o erro máximo de apontamento é de 8,05 μrad, e o pior desempenho em caso de nevoeiro - turbulência fraca, com um erro máximo de apontamento de 7,1 μrad para BER de 10^{-9} .

Para 1550 nm, através da avaliação Link, nota-se um comportamento semelhante ao do funcionamento em 850 nm sob fenómenos independentes (dispersão atmosférica - turbulência). A alteração aparece ao nível do erro de apontamento máximo admissível necessário para atingir um objetivo BER= 10^{-9} ou ao nível da potência do sinal recebido para um erro de apontamento fixo.

O ar limpo atinge o erro de apontamento máximo admissível de 14,5 μrad. O ambiente de nevoeiro apresenta o desempenho mais baixo da ligação FSO, com um erro de apontamento de 12,9 μrad. Isto leva a que o funcionamento a 1550 nm sob um único fenómeno meteorológico (dispersão atmosférica ou turbulência) seja melhor do que o funcionamento a 850 nm nas mesmas condições (fenómeno meteorológico único).

Verifica-se um comportamente semelhante ao observado para 850 nm para a oprtação de fenómenos conjuntos de 1550 nm. As diferenças surgem com os níveis de erro de apontamento e de potência recebida nas codições indicadas anteriormente.

Para o funcionamento conjunto de fenómenos meteorológicos a 1550 nm, a turbulência forte de ar limpo atinge um funcionamento ótimo com um erro de apontamento de 14,2 μrad, enquanto o desempenho mais baixo é observado no caso de turbulência fraca de nevoeiro com um erro de apontamento de 12,75 μrad.

As Tabelas 4.6 e 4.7 resumem o erro de apontamento máximo admissível no funcionamento a 850 nm e 1550 nm com a correspondente potência de sinal recebida, tudo isto com um BER alvo de 10 .$^{-9}$

Tabela 4.6: Erro de apontamento máximo admissível em diferentes fenómenos atmosféricos para 850 nm

Fenómeno atmosférico	**Erro de apontamento máximo admissível (μrad)**	**Potência recebida (dBm)**
Ar puro	8.2	-40.45
Névoa	7.9	-40.72
Nevoeiro	7.25	-41.23
Turbulência fraca	8.1	-40.41
Turbulência moderada	8.05	-40.35
Turbulência forte	8.05	-40.71
Ar limpo - Turbulência forte	8.05	-41.11
Névoa - Turbulência moderada	7.75	-41.13
Turbulência de nevoeiro-fraco	7.1	-40.98

Quadro 4.7: Erro de apontamento máximo admissível em diferentes fenómenos atmosféricos para 1550 nm

Fenómeno atmosférico	**Erro de apontamento máximo admissível (μrad)**	**Potência recebida (dBm)**
Ar puro	14.5	-40.60
Névoa	14.1	-40.62
Nevoeiro	12.9	-40.36
Turbulência fraca	14.35	-40.44
Turbulência moderada	14.25	-40.79
Turbulência forte	14.2	-40.87
Ar limpo - Turbulência forte	14.2	-40.97
Névoa - Turbulência moderada	13.8	-40.49
Turbulência de nevoeiro-fraco	12.75	-40.47

Capítulo 5: Conclusão e trabalho futuro

5.1 - Conclusão

No presente trabalho, é efectuada a avaliação do desempenho de sistemas de comunicação FSO sob diferentes fenómenos ambientais (condições atmosféricas e turbulência) na presença de erros de apontamento. A partir dos resultados obtidos e da discussão, é possível apontar as seguintes conclusões:

1. O desempenho dos sistemas FSO depende de vários factores e compromissos ambientais, industriais e comerciais.

2. Para o transmissor, a avaliação de dois códigos de linha de transmissão (NRZ-RZ) leva a que, na técnica simples IM/DD, o código de linha NRZ seja preferido devido à sua maior potência de transmissão.

3. A investigação de três comprimentos de onda de transmissão comerciais (785 nm, 850 nm e 1550 nm) mostrou que o comprimento de onda de 1550 nm tem um desempenho superior em diferentes fenómenos ambientais em comparação com os outros dois comprimentos de onda.

4. Os fenómenos ambientais têm um grande efeito no desempenho dos sistemas FSO, as condições atmosféricas e os efeitos da turbulência foram avaliados de forma independente e conjunta. Independentemente, o nevoeiro (em funcionamento a 785 nm, 850 nm e 1550 nm) teve um grande efeito no nível de potência do sinal e no erro de apontamento máximo admissível. Em conjunto, a turbulência fraca do nevoeiro (em 850 nm e 1550 nm), de entre todos os fenómenos avaliados em conjunto, apresentou o maior efeito no nível de potência do sinal e no erro de apontamento máximo admissível.

5. Recomenda-se vivamente um alinhamento perfeito entre os transmissores e os receptores FSO, dado que um pequeno nível de erro de apontamento (na ordem de alguns μ radianos) pode levar à falha da ligação (BER inferior a 10^{-9}).

6. Os receptores APD apresentam um melhor desempenho do que os receptores PIN, uma vez que a sensibilidade de gama do APD (40 dBm) é melhor do que a do PIN (-30 dBm).

5.2 - Trabalho futuro

De seguida, sugerimos alguns pontos de investigação, no mesmo âmbito do livro, que se recomendam para uma investigação mais aprofundada:

1. Investigação do desempenho de diferentes tipos de fontes laser com elevada potência média que podem ser utilizadas em sistemas FSO.

2. Examinar diferentes janelas de comprimento de onda de transmissão ótica (ou seja, janelas de 10 000 nm) que possam ser mais sustentáveis em relação ao efeito de vários fenómenos ambientais.

3. Investigação de fenómenos ambientais mais complexos que possam afetar o desempenho das ligações FSO (ou seja, tempestades de areia, chuvas fortes e neve).

4. Avaliar o desempenho de múltiplos esquemas de modulação que possam conduzir a um melhor

desempenho das ligações FSO, tais como PPM, BPSK, DPSK e QPSK.

5. Poderão ser testadas técnicas de correção de erros a posteriori, tais como códigos turbo e Low Density Parity Check (LDPC).

6. A introdução de sistemas que dependem de Multi Input/Multi Output (MIMO) e de sistemas de seguimento automático pode melhorar o desempenho da ligação FSO em caso de desalinhamento do feixe.

7. A análise de modelos de ruído mais complexos (ruído de disparo, ruído de APD em excesso e ruído de fundo) e dos seus efeitos no desempenho da ligação FSO poderá orientar claramente a seleção de um fotodetector adequado.

8. A investigação do desempenho dos sistemas de comunicação híbridos FSO/RF poderá conduzir a uma melhor utilização das ligações FSO como backhaul para sistemas licenciados por RF.

Referências

[1] R. R. Iniguez, S. M. Idrus e Z. Sun, *Optical Wireless Communications IR for Wireless Connectivity*, Boca Raton: Auerbach Publications, 2008.

[2] S. Hranilovic, *Wireless Optical Communication Systems*, Boston: Springer Science, 2005.

[3] Z. Wang, W.D. Zhong, S. Fu e C. Lin. "Performance Comparison of Different Modulation Formats Over Free-Space Optical (FSO) Turbulence Links With Space Diversity Reception Technique", *IEEE Photonics Journal,* vol.1, no. 6, pp. 277-285, dezembro de 2009.

[4] S. Rajbhandari, Z. Ghassemlooy, J. Perez, H. Le Minh, M. Ijaz, E. Leitgeb, G. Kandus3 e V.Kvicera, "On The Study of The FSO Link Performance Under Controlled Turbulence and Fog Atmospheric Conditions", *11.ª Conferência Internacional sobre Telecomunicações, ConTEL*, Graz, Áustria, pp. 223-226, junho de 2011.

[5] s. Arnon, Optical Wireless Communications, *Encyclopedia of Optical Engineering*, 2003.

[6] H. Manor e S. Arnon, "Performance of an Optical Wireless Communication System as a Function of Wavelength", *Appl. Opt.*, vol. 42, n.º 21, pp. 4285-4294, julho de 2003.

[7] X. Liu, "Free-Space Optics Optimization Models for Building Sway and Atmospheric Interference Using Variable Wavelength," *IEEE Trans. on Commun.*, vol 57, no. 2, pp. 492-498, fevereiro de 2009.

[8] D. K. Borah e D. G. Voelz, "Pointing Error Effects on Free-Space Optical Communication Links in The Presence of Atmospheric Turbulence," *J. Lightwave Technol.*, vol.27, no. 18, pp. 3965-3973, setembro de 2009.

[9] H. G. Sandalidis, T. A. Tsiftsis, G. K. Karagiannidis e M. Uysal, "BER Performance of FSO Links over Strong Atmospheric Turbulence Channels with Pointing Errors", *IEEE Commun. Lett.*, vol.12, no. 1, pp. 44-46, janeiro de 2008.

[10] I. I. Kim, B. McArthur e E. Korevaar, "Comparison of Laser Beam Propagation at 785 nm and 1550 nm in Fog and Haze for Optical Wireless Communications," *Proceeding of SPIE 4214*, pp. 26-37, fevereiro de 2001.

[11] M. S. Awan, Marzuki, E. Leitgeb, F. Nadeem, M. S. Khan e C. Capsoni, "Weather Effects Impact on The Optical Pulse Propagation in Free Space," *Proceeding of the 69th Vehicular Technology Conference (VTC), Barcelona*, pp. 1-5, abril de 2009.

[12] M. S. Awan, Marzuki, E. Leitgeb, F. Nadeem, M. S. Khan e C. Capsoni, "Fog Attenuation Dependence on Atmospheric Visibility at Two Wavelengths for FSO Link Planning", *Loughborough Antennas & Propagation Conference*, Reino Unido, pp. 193-196 , novembro de 2010.

[13] W. O. Popoola e Z. Ghassemlooy, "BPSK Subcarrier Intensity Modulated Free Space Optical Communications in Atmospheric Turbulence," *J. Lightwave Technol.*, vol. 27, n.º 8, pp. 967-973, abril de 2009.

[14] W.O. Popoola, Z. Ghassemlooy, C.G. Lee e A.C. Boucouvalas "Scintillation Effect on Intensity Modulated Laser Communication Systems - A Laboratory Demonstration," *J. Optics & Laser Technology*, vol. 42, no. 4, pp. 682-692, dezembro de 2009.

[15] K. Kiasaleh, "Performance of APD-Based, PPM Free-Space Optical Communication Systems in Atmospheric Turbulence", IEEE *Transactions on Communications*, vol. 53, n.º 9, pp.1455-1461, setembro de 2005.

[16] F. Xu, M. Ali Khalighi e S. Bourennane, "Impact of Different Noise Sources on the Performance of PIN- and APD-based FSO Receivers," *11th Conferência Internacional sobre Telecomunicações, ConTEL*, Graz, Áustria, pp. 211-218 , junho de 2011.

[17] A. A. Farid e S. Hranilovic, "Outage Capacity Optimization for Free Space Optical Links with Pointing Errors," *J. Lightwave Technol.*, vol. 25, n.º 7, pp. 1702-1710, julho de 2007.

[18] M. Ijaz, Z. Ghassemlooy, S. Ansari, O. Adebanjo, H. Le Minh e S. Rajbhandari e A. Gholami, "Experimental Investigation of the Performance of Different Modulation Techniques under Controlled FSO Turbulence Channel," *5th International Symposium on Telecommunications*, Teerão, Irão, pp. 59-64, dezembro de 2010.

[19] S. Bloom, E.Korevaar, J. Schuster e H. Willebrand, "Understanding The Performance of Free-Space Optics", *Journal of Optical Networking*, vol. 2, n.º 6, pp. 178-200, junho de 2003.

[20] M. Al Naboulsi, H. Sizun e F. de Fornel, "Fog Attenuation Prediction for Optical and Infrared Waves," *journal of Opt. Eng.*, vol.43, no.2, pp. 319-329, fevereiro de 2004.

[21] M. Uysal, J. Li e M. Yu. "Error Rate Performance Analysis of Coded Free-Space Optical Links over Gamma-Gamma Atmospheric Turbulence Channels", *IEEE Trans. Wireless Commun.*, vol. 5, no. 6, pp. 1229-1233, junho de 2006.

[22] Wasiu Oyewole Popoola, "Subcarrier Intensity Modulated Free-Space Optical Communication Systems", *Dissertação de Doutoramento, School of Computing, Engineering and Information Sciences, Northumbria University*, Newcastle, Reino Unido, setembro. 2009.

[23] Z. Ghassemlooy e W.O. Popoola, "Terrestrial Free-Space Optical Communications", *em Mobile and Wireless Communications Network Layer and Circuit Level Design, 1st ed.,* Editado por: Salma Ait Fares e Fumiyuki Adachi, Ed. Índia: InTech, pp. 355-392, 2010.

[24] Heinz Willebrand, "Free Space Optics, The past, The present & Future", *4th Seminário do Roteiro Tecnológico INFOCOM (ITR-4), Autoridade de Desenvolvimento INFOCOM de Singapura (iDA)*, Singapura, 2002.

[25] S. Arnon, "Performance of a Laser µSatellite Network with an Optical Preamplifier", *J.Opt.Soc.Am*, A, vol. 22, no. 4, pp. 708-715, abril. 2005.

[26] "MobiNil Selects CableFree for GSM Network Expansion", Case study, Wireless Excellence, 2010. http://www.wirelessexcellence.com/pdf/CF%20CS1%20MobiNil.pdf. Último acesso em janeiro de 2013.

[27] Mohammed R. Abaza, Nazmi Azzam e Moustafa H. Aly, Free Space Optical Communication Systems in Turbulent Channels, 1.ª ed., LAB LAMBERT Academic Publishing, Alemanha, 2012.

[28] Nazmi A. Mohamed, Wireless optical communications, *Dissertação de Doutoramento, Faculdade de Engenharia Eléctrica, Universidade de Alexandria*, Alexandria, Egito, junho. 2010.

[29] G.P. Agrawal, Fiber Optic Communication Systems, *John Wiley & Sons*, Nova Iorque, 2002.

[30] Z. Ghassemlooy e A R Hayes, "Indoor Optical Wireless Communications Systems - Part I: Review", *School of Engineering, Northumbria University*, UK, 2003.

[31] fSONA Optical Wireless. [Online]. Disponível: http://www.fsona.com. Último acesso em janeiro, 2013.

[32] Canobeam. [Online]. Disponível em: http://www.canobeam.com/. Último acesso em janeiro de 2013.

[33] LIGHTPOINTE Wireless. [Online]. Disponível: www.lightpointe.com. Último acesso em janeiro, 2013.

[34] M. S. Awan, Marzuki, E. Leitgeb, F. Nadeem, M. S. Khan e C. Capsoni, "Weather Effects Impact on The Optical Pulse Propagation in Free Space," *Proceeding of the 69th Vehicular Technology Conference (VTC), Barcelona*, pp. 1-5, abril de 2009.

[35] Muhammad Saleem Awan, Laszlo Csurgai Horwath, Sajid Sheikh Muhammad, Erich Leitgeb, Farukh Nadeem e Muhammad Saeed Khan, "Characterization of Fog and Snow Attenuations for Free-Space Optical Propagation," *Journal of Communications*, pp. 533-545, setembro de 2009.

[36] M. A. Al-Habash, L. C. Andrews e R. L. Phillips, "Mathematical Model for the Irradiance Probability Density Function of A Laser Beam Propagating Through Turbulent Media", *Optical Engineering,* vol. 40, n.º 8, pp. 1554-1562, agosto de 2001.

[37] Larry C. Andrews, Roland L. Phillips e Cynthia Y. Hopen, "Leaser Beam Scintillation with Applications", *SPIE Press Book*, 2001.

[38] J. Perez, Z. Ghassemlooy, S. Rajbhandari, M. Ijaz e H. Le Minh, "Estudo do desempenho da ligação de comunicações Ethernet FSO num ambiente de nevoeiro controlado", *IEEE Commun. Lett.*, vol.16, no. 3, pp. 408-410, março de 2012.

[39] H. Manor e S. Arnon, "Effects of Atmospheric Turbulence and Building Sway on Optical Wireless-Communication Systems", *Optics Letters*, vol. 28, n.º 2, pp. 129-131, janeiro de 2003.

[40] A. Prokes, "Atmospheric Effects on Availability of Free Space Optics Systems," *Optical Engineering*, vol.48. no. 6, pp. 1-10, junho de 2009.

[41] A. Abushagur, F. M. Abbou, M. Abdullah, e N. Misran, "Performance analysis of a free-space terrestrial optical system in the presence of absorption, scattering, and pointing error," Optical Engineering, vol 50, no.7, pp. 408-410, julho de 2011.

[42] Optoelectrónica Aplicada. [Online]. Disponível: http://www.ao-inc.com/

[43] HAMAMATSU. [Online]. Disponível: http://www.hamamatsu.com/

[44] M. Ijaz, Z. Ghassemlooy, S. Ansari, O. Adebanjo, H. Le Minh e S. Rajbhandari e A. Gholami, "Experimental Investigation of the Performance of OOK-NRZ and RZ Modulation Techniques under Controlled Turbulence Channel in FSO Systems," *The 11th Annual Post Graduate Symposium on the Convergence of Telecommunications, Networking and Broadcasting* (PGNet 2010), Liverpool, UK, June 2010.

[45] Agrawal, G.P. e Dutta, N.K., Semiconductor Laser, 2ª ed., Van *Nostrand Reinhold*, Nova Iorque, 1993.

[46] S. Arnon, "Performance Improvement of Optical Wireless Communication through Fog with A Decision Feedback Equalizer," *J.Opt.Soc.Am*, A,vol. 22, no. 8, pp. 1646-1654, August. 2005.

Printed by Books on Demand GmbH, Norderstedt / Germany